好想法　相信知識的力量
the power of knowledge

寶鼎出版

好想法 相信知識的力量
the power of knowledge

寶鼎出版

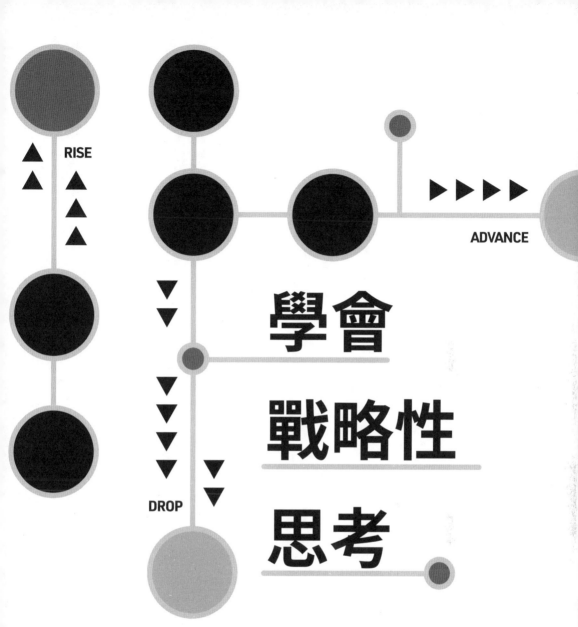

學會
戰略性
思考

弗瑞德‧佩拉德──著

溫力秦──譯

目錄

推進

重複

各界推薦

「這本必讀之作最適合需要和複雜重大的難題搏鬥的人。書中重點遍布，都是有助於你在面對難以解決的問題時，從盤根錯節的核心突破重圍的利器，強力推薦！」

——加州大學洛杉磯分校安德森管理學院 Harry & Elsa Kunin
商業與社會課程榮譽教授
《好策略·壞策略》（Good Strategy, Bad Strategy）作者
理查·魯梅特（Richard Rumelt）

「只要培養了正確的思考技巧、心態並習得一些工具之後，你就能更聰明地工作，進而成功構築你的戰略能力。弗瑞德將整個職涯的專業與經驗濃縮成簡明扼要、受用無窮又面面俱到的指南，讓任何人在各種情況下都能開發自己的戰略思維。」

——Salesforce 首席增長傳播長
《華爾街日報》暢銷書《全球 800CEO 必備的應變智商》（Growth IQ）作者
蒂芬妮·波瓦（Tiffani Bova）

「大膽的新思維與創新並非易事，本書以非凡又深具啟發性的視角，探究各種架構與理論，激發新思維的發展與戰略眼光的生成。」

——《數位進化論》（*Digital Darwinism*）作者
法國陽獅集團（Publicis Groupe）未來洞察部門負責人
湯姆・古特雲（Tom Goodwin）

「《學會戰略性思考》全方位的內容揭露了建構戰略思維的方法，提供最強大的工具，充滿實用性。」

——摩立特・德勤荷蘭（Monitor Deloitte Netherlands）戰略暨銀行部總監
羅蘭・奧森貝克（Roeland Assenberg）

推薦序

解決複雜問題要行動與論證並進

李聖珉／臺灣大學領導學程「解決問題理論與實務」兼任教授

　　許多書談策略思維著重架構與分析,而《學會戰略性思考》重點是切入複雜問題的實務手法。我認為對於幫助需要解決複雜問題的人員匡正觀念有非常大的助益。

　　本書先描述三種切入戰略問題的常用手法:

1. **專家型**——這種做法的理論是,既然有人成功解決過這種問題,依樣重複即可。譬如某公司想數位轉型,就找來一位曾經在另一家企業數位轉型成功的專家,複製一次過程,該購買的技術、該建立的能力、該調整的組織,一個不少。專家型優點

是快，而且曾經成功過，應該不會太差；專家型的缺點是，完全一樣的複雜問題與場域環境。完全複製別人的解決方案，不但失掉尋找更好的解決方案的機會，同時也有方案遇到因不同場域而水土不服的問題。在沒有人為要素問題的前提下，譬如建立生產線，用這種專家型解決問題還算可以，但當牽涉眾多人為要素，譬如數位轉型就是非常以人為本的複雜問題，專家型手法有時產生的問題比待解決的問題還大。

2. **學者型**——這種做法的理論是，只要掌握足夠的資訊與知識，正確的解決方案必然在其中。譬如上述某公司想數位轉型，就不斷廣泛搜集各種數位轉型資訊包含知識、技術、成功與失敗案例，不斷論證，一直到某天信心十足，才終於驚豔四座地推出自身的轉型願景、策略、方案及步驟，按圖施工，照表操課，一切都完美符合預期，成為極為成功的數位轉型案例。這種做法最大的風險是：等太久，而且可能永遠等不到答案。

3. **行動型**——與學者型完全相反，行動型列出幾個可能選項，挑出一個看來最有潛力成功的，就下去做了。在時間與規劃資源有限的雙重壓力下，這是企業經常採用的方法。尤其是年底要提出新年度策略時，幾乎都是用這個方法。優點是經驗和創意都有很大的發揮空間；缺點是，選項的評估與挑選

的論證不足，快則快矣，真正執行後的效果往往與當初的想像相去甚遠。

作者提出他認為最理想的第四種切入法，稱為雲霄飛車型：

1. 先採取行動型產生大量大膽、創意又有經驗支撐的選項（作者稱為上升）。
2. 然後快速篩檢選項（下降），得到少數高潛力選項。
3. 以學者型態度論證高潛力選項的真確性。過程中，也許會因為新資訊而有新的選項（微幅上升）與篩檢（微幅下降），最終雲霄飛車到站，也得到最佳的策略方案。

我認為雲霄飛車型兼顧創意與實證，同時也控制解決問題時間在可接受的範圍之內，如果過程中找專家來諮詢，也可將其他企業的成功實務帶入考量範圍，是理想的解決複雜問題切入方式。我自己教導學生與企業解決問題多年，看到《學會戰略性思考》的四種問題切入方式，有非常深刻的感受。

追尋之路

前言

　　勤勞、才華、人脈，再加上運氣，這些都是人生成功的要素，無論你選定追求的目標是什麼。如果是在商業界，就得再加上一個要素，那就是戰略思考的能力。換言之，如果可以的話，應該要「聰明工作」才對。

　　戰略性思考是一種技巧，可以透過學習而成，我過去20年來已經把這項技巧傳授給超過60個組織的1萬多名主管。所謂高超的戰略性思考技巧，總歸就是兩大重點：第一是具備特定的思維模式（用來處理未來的不確定性，因為未來存在著各種戰略性問題），第二是掌握充分的工具（以便在沒有實際數據的情況下找出可靠的解決方案）。本書共分為以下五大篇；第一篇及最後一篇聚焦探討這種思維模式，第二到第四篇會介紹各種工具：

> 如何**解決複雜的問題**（思考）
> 如何**快速產生絕佳構想**（上升）
> 如何**立即淘汰選項**（下降）
> 如何**為最佳解方取得認同**（推進）
> 如何**持續精進戰略思考能力**（重複）

〈思考〉一篇說明在「複雜」問題的處理上所牽涉到各種截然不同的做法。這個部分闡述解決複雜問題時會用到的專家型、分析型、創意型和戰略型等四種途徑，以及這些途徑對數據、架構和個人才智之各種組合的運用。總結而言，本篇直指「戰略思考的雲霄飛車」就是可以讓人更聰明而不是更努力工作的終極心智模式，「上升─下降─推進」則是達到此境界的有效做法。

〈上升〉一篇介紹三種可快速產生絕佳構想的結構化技巧，這些技巧能讓你像沙漠裡的駱駝，用最少的「水」（也就是指「數據」）走最遠的路。請分別問自己以下三個問題：「必須符合哪些條件才能找到我們追尋的成功？」、「當前對於滿足顧客的需求與期望我們做得如何？」以及「存在於我們意識邊緣更成功的事業版本是什麼？」本篇會引領你在面對戰略性問題時迅速到達「清晰」階段。

〈下降〉一篇主要探討三種可以立即淘汰多個選項的分析技巧。透過這三樣技巧所挑選出來的構想，會完勝你未來想得到的任何構想，而該構想經證明能在當前作為解決方案的原型使用，且既有的過往數據往往也能印證當前及未來測試的結論。「下降」作業會讓你在面對任何戰略性問題時，能有條不紊地逐漸踏入「確定」階段。

　　〈推進〉是三合一的套裝技巧，可以促使你偏愛的解決方案取得認同。這三種技巧所包含的方針，可分別達到以下效果：以淺顯易懂

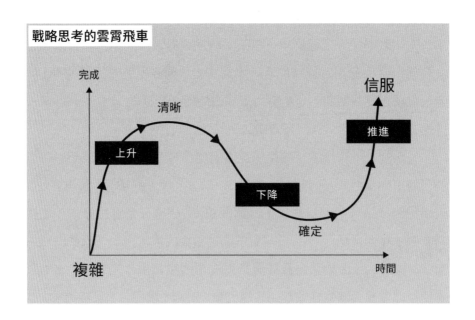

戰略思考的雲霄飛車

學會戰略性思考

又深刻的用語來表達你的解答；可預估此解答的財務價值；打造引人入勝的故事。「推進」會引領利害關係者（即你的老闆、客戶、同事等等）進入「信服」階段，認同你所提出的策略建議。

〈重複〉一篇提供終身受用的訣竅，幫助各位持續精進你的戰略思考能力。此篇深入闡述一些鏗鏘有力的原則，譬如「先票選再辯論」、「小團隊進行得比較快」、「第三個方案往往是最佳解答」等等，這些響亮的口號構成一張效用十足的路線圖，助你在未來十年的職涯中順利走出一條路。〈重複〉這個篇章會引領你來到高度「自信」的境界，相信自己有能力從容迎接未來的任何戰略難題並加以解決。

本書的內容以清晰的架構、容易記憶的圖像、具體的範例和簡單的原則，幫助各位一天比一天更具戰略性。無論你面對何種戰略性問題，都可以運用「上升─下降─推進」、「上升─下降─推進」的節奏來進行。《學會戰略性思考》集結了我見過最出色的技巧，這些技巧匯聚成一套簡易的方案，能支援各位的學習發展。請繼續讀下去，更聰明地工作。別擔心，來點戰略思考吧！

PART ONE

如何解決
複雜的問題

完成問題解決的四條路線

如何才能變得更有戰略性？**成功的主管、企業家或自由工作者有一個特徵，那就是比同儕或競爭對手多了戰略能力。** 換句話說，你不單要有妥善管理日常營運問題的能力，也必須對未來具備更精準的眼光，設法穿越不確定性的謎陣，為你、為團隊和客戶或者是整間公司找出最佳的長期解決方案。

戰略思考是一種技能。就像算數獨、自拍或用牙線剔牙一樣，有些人天生對此等能力特別擅長，至於其他人，比方說你和我，則可以透過學習一些技巧而快速通曉戰略思考的能力並且日漸精熟。究其核心，戰略思考可以說是一種思維模式，亦是一種解決問題的方式。戰略思考無關乎你有多少年經驗，或你多擅長分析 Excel 試算表上的數

字，也和一個人的智商高低或懂多少商業理論無關，它純粹是指你思考問題的方式。那麼，我們就來談談思考的方式吧。

　　以大多數的問題解決活動來說，特別是在商業界，某位利害關係者（客戶、老闆等等）通常會給你一段時間來完成解決特定問題的活動，因此基本上我們可以將這些活動繪製成圖（請見下圖），這張圖表的橫軸代表解決問題所花的時間，縱軸則指出活動的完成度百分比。每一個要解決的問題在這張圖表上都是從左下角開始它的生命週期，然後在指定的時間內逐步完成活動，最後在右上角結束。這張圖表的

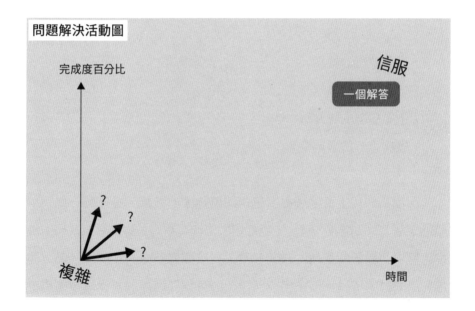

問題解決活動圖

完成度百分比

信服

一個解答

複雜

時間

左下角位置稱為「複雜」，意味的是在你著手進行之前，請你協助解決問題的利害關係者（老闆、客戶等等）不清楚解答是什麼，因為他們認為問題十分複雜，需要一些幫助，所以才會請你設法找出一個最終會讓他們滿意的答案。圖表右上角位置是「信服」，活動至此已經來到時限的尾聲，按照利害關係者的期望，完成度在此階段應該達到百分之百，會有一個令人信服的具體答案在等著他們。

　　各位不妨從這個角度來想解決問題這件事：這種活動基本上就是帶領一群人花一段時間走完一趟從「複雜」到「信服」的旅程。接下來我們就來探討完成這整個歷程的四條路線：

> 專家執行的樓梯
> 分析研究的潛水艇
> 創意發現的直升機
> 戰略思考的雲霄飛車

　　四種路線在上述圖表中所呈現的路徑大有差異。雖然每一條路線都是從左下角（複雜）開始，也都在右上角（信服）結束，但各條路線在過程中的轉折點截然不同。多數人對這四條路線一無所知，所以多半仍用同樣的解決途徑來因應所碰到的各種問題。倘若你知道還有更

多完成問題解決的路線，就能圓滿地破解更多問題，特別是十分棘手的那種。提升戰略思考能力的第一步，首先就是要想清楚你的思考方式，找出自己當前在解決問題時特有的習慣與偏好。

專家執行的樓梯

大多數人在使用「專家執行的樓梯」這條路線時，會覺得自己不過是在執行一個已知的解決之道，或者是請別的專家來代為做這件事，並**不認為自己是在解決問題**。

生活當中有很多的問題，即便我們還沒著手去處理，就已經對其破解之道瞭然於胸，譬如綁鞋帶、搬家、實行新人資政策或供應鏈流程等事宜。

就個人來說，以早上要穿鞋得把鞋帶綁好為例。大多數的人五歲過後，就不會覺得綁鞋帶是需要大量複雜思考的問題，因為我們從一開始就知道最終解答。綁完一雙鞋帶大約五秒，而完成的一定是一雙綁好鞋帶的鞋子，這項活動該怎麼做我們一清二楚，從開始到完成的這段進程清晰明確。換句話說，我們就是綁鞋帶的專家。

從商業界來看，假設公司現在想大幅提升某個重要程序——譬如確立倉儲的最佳實務做法或優化一些人資流程，像「優化」、「最佳實務做法」、「精進」之類的字眼其實就是線索，從這些線索可以知道應

該已經存在著理想的解答，我們只需要去尋找掌握解答的人，請他們協助解決事情即可。

公司若無此專業，我們便轉而向外界尋求。能提供專業的優秀人員應該在接觸到問題之初，就能對最終的理想解答有清楚的概念。

大部分的公司會先徵求提案，邀請一些可能可以解決問題的外包單位來投標此專案。參與競標的提案通常會附上三大元素：第一是認證名單，也就是先前對競標者服務滿意的客戶名單及他們的美言。第二是工作計畫，也就是競標者要使用的做法，該計畫詳細說明為達到預計結果所需採行的步驟。第三則是幾位關鍵人物的履歷，這些人會負責實施計畫並發揮專業所長，從履歷也可以看出他們的專業背景。

接下來，公司便可以根據認證名單、工作計畫和履歷，評估各個提案單位的優劣。能夠成功說服客戶他們可以在進行專案前就掌握到最佳解答，是可以被指望、能確實實施該解答的提案者，通常就是能獲選的贏家——這些提案者就是最厲害的專家。

解決問題的專案在進行之初，會從圖表左下角的「複雜」為起點，雀屏中選的贏家此時已經能提供工作計畫，把達到預計結果需執行的任務全數列出，包括執行時限與工作量。這也是問題解決活動在圖形上從左下角到右上角，看起來很像樓梯的原因。

由於各項任務的處理速度有時比預期快，有時又比較慢，所以呈

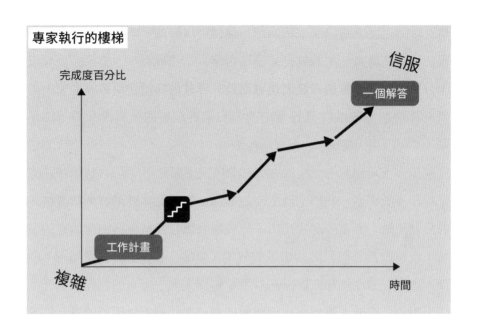

専家執行的樓梯

完成度百分比

信服

一個解答

工作計畫

複雜

時間

現在圖表上的形狀會像樓梯一樣，而不是一直線。假如你的角色是利益相關者，那麼你管理專業人士的做法就是定期檢查他們確實做完了他們承諾會執行的各項任務。

專家執行的樓梯是一條由專家來進行問題解決活動時所採取的路徑，無論是哪種領域的專家。這種路徑循序漸進地執行已知任務，一步步完成預期的結果。

專家面對待解決的問題時，會先將這些問題與過去處理過的問題

做比較，以此來解決眼前的問題。他們可以辨識哪些是完成活動的必要任務，然後從一開始就把這些任務編入工作計畫中。樓梯型路線是十分聰明的問題解決做法，也適用於大部分的問題，比方說搬家、婚禮、升級 IT 系統或挑選管理顧問公司來實施新的人資流程等等的活動，都可以用「樓梯」途徑來做規劃。

基本上可以說，一般人在大部分情況下都是用「專家執行的樓梯」來解決多數問題。我們的履歷和 LinkedIn 個人檔案就是專業知識技能的公開記錄，而這些記錄列出了一長串我們在職業生涯中所做過的事情，以及現在我們已經知道該如何用「樓梯」來解決的各種問題。然而，專家——或樓梯路線——並不能解決人生中所有的問題。倘若問題出現時，沒有人跳出來打包票說他們已經知道最佳解答的話，那該怎麼辦？

分析研究的潛水艇

假設現在出現一個情況：你在著手解決問題之初，**對解答摸不著頭緒**。也許可能的解決之道很多，讓你無從挑選，又或者碰到完全相反的狀況，你連解方的大致模樣都毫無概念。換句話說，你會碰到兩種情形，一個是雲層密布，擺在眼前的答案多到眼花撩亂；另一種則是荒蕪的沙漠，什麼也找不到。

此時顯然無法靠架設「樓梯」通往雲端或沙漠，那麼該如何是好呢？很多人會走水平路線，因為他們發現前方充滿未知，決定花大量時間把未知化為已知事實。他們進行研究、做分析、觀察市場趨勢、對照競爭者的表現、與顧客交流，以此建立綜合性的知識基底，透過一次性的研究，來彌補自己現有專業的不足。

這種做法的言下之意就是，一旦你投入心力去研究和收集更多數據再善加分析，將未知轉換成已知之後，你就能期待自己到了某個時機點，便可取得大量的事實與資訊。這個時機點往往出現在整個問題解決活動流程的後期，到了那一刻，你的解答和功績猶如藏身海裡的潛水艇所發射的魚雷，隨著它竄出海面，你的聰明才智也會受到萬眾矚目。「分析研究的潛水艇」有時候也可稱為演繹型問題解決途徑，其路線非常優美。

很多人會認出這就是學校或大學教過的做法。「潛水艇」深受學術界的熱愛，你投注大量時間，不管是數小時、數天、數週、數月或數年，慢慢琢磨出一篇經過仔細研究的論文，然後趕在截止期限前發表。

除了學術界之外，還有很多從事其他職業的人，他們的時運可以說和應用「分析研究的潛水艇」的問題解決能力緊緊相繫。你能否列舉幾個這樣的職業呢？我認為律師、工程師和會計師就是這類工作，另外再加上調查報導記者、學者以及各種研究人員。這些職業秉持相

023

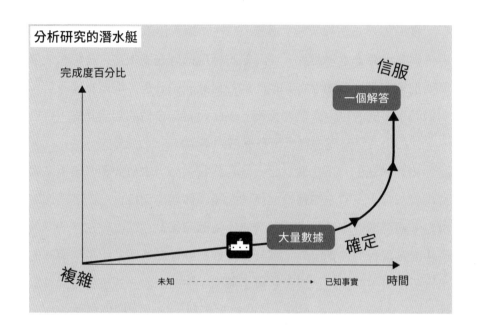

分析研究的潛水艇

完成度百分比

信服

一個解答

大量數據

確定

複雜

未知 - - - - - - - - - - - - - - - - - - ▶ 已知事實 　時間

同的信念體系，皆以為解決問題最恰當的做法就是花時間找出事實並加以熟悉，再明智地處理這些資訊，最後解答就會浮現出來。

「分析研究的潛水艇」就是相信必須先掌握事實才能設想解答的人，在進行問題解決活動時所依循的路徑。換言之，沒有數據就沒有解決方案。

把「潛水艇」路線作為問題解決途徑，最大的好處在於可將許多未知轉化為數據，讓你以篤定的心情來考慮最終解答。這種途徑試圖抵達

問題解決活動圖表位在右下角的「確定」位置，當活動來到此時空點，就表示你已經掌握大量數據，能肯定地建構你的推薦方案。

只要能有效運作，「分析研究的潛水艇」既強大又富有成效。然而，這種途徑十分仰賴三個重要的條件才能發揮作用。

第一個條件是，你需要非常聰明的人手。由於潛水艇的水平路線會收集龐大的資料數據，所以需要記憶高手吸收這些資訊。另外，還需要頭腦敏捷的人才來處理所有數據，以便在潛水艇走到垂直路線時取得解答。大學申請、企業職缺或顧問工作通常會在面試這一關用「分析研究的潛水艇」來挑選，原因也就在於此。這些類型的面試往往都會要求申請者或應徵者在短時間之內消化大量資料（譬如在三分鐘內讀完一篇文章，十分鐘內看完一份商業案例研究等等），並且快速摘要重點，然後在壓力破表、怕超出時限的情況下提出聰明的解答。

「潛水艇」路線有效運作的第二個條件就是要有數據。倘若你花了大把時間去尋找數據，指望能收集到大量數據，卻遍尋不著那該如何是好？也許有人會說，在21世紀初這個年代，取得數據並不難，難就難在找到高品質的數據。這樣說並不為過，雖然情況未必如此，我很快會解釋原因。首先請看一下26頁圖表的縱軸，也就是「完成度百分比」。如果在縱軸往上的某個點畫一條水平虛線過去，可以看到這條虛線以下的部分都算「輸入」，這表示你離完成活動還有一大段路

025

要走。不過虛線以上的部分屬於「產出」，因為你愈來愈接近完成活動了。

　　「潛水艇」路線有一個特別值得注意的地方，那就是你會花很多時間在虛線以下的問題區域，也就是輸入區域，來到虛線以上的解決方案區域——即產出區域——的時間點會比「樓梯」路線晚許多。換言之，要到問題解決活動近尾聲的時候解答才會出現。

　　從「潛水艇」路線可以清楚看到，我們一開始對解答毫無概念，

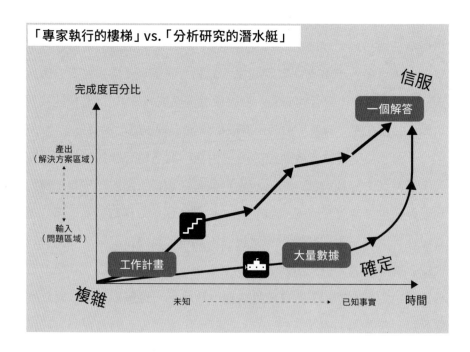

「專家執行的樓梯」vs.「分析研究的潛水艇」

學會戰略性思考

所以必須做一番權衡取捨。我們先花大量時間做研究，然後潛入水中花更多時間在輸入與問題區域，但最後我們會得到一個更有依據且能讓人信服的解決方案。但這一切，必須有數據出現才能成事。

由此會衍生出「潛水艇」路線的第三大問題──「時限」。假設你已經花了數週或數個月的時間處理某個問題，這時來了一位新的利害關係者。無論前一位利害關係者給你多少時限，新來的這位人士第一個想知道的，想必就是你到目前為止對於已經處理了好一陣子的問題有何粗略的建議。如果你一直都用潛水艇途徑來解決問題的話，那麼此時此刻你也只能回答：「我收集到很多數據，目前正在爬梳更多數據，但很抱歉，我尚未找到初步的解決之道。」這種答案恐怕很難讓新來的利害關係者對你有好印象。

同樣地，假設現在有一家數位巨擘（譬如亞馬遜、Apple、Google等）剛剛宣布他們要收購你最直接的競爭者。這件收購案會對你目前正在處理的問題產生什麼影響？你的利害關係者大概也會馬上要你對此提出解答，不管你是否已做好準備，無論你手上有無數據。由此可見，「分析研究的潛水艇」有不少缺點，除了得仰仗聰明的人來執行之外，整個問題解決活動要到接近尾聲才能求得解決方案，且過程中你會發現沒有品質夠好的數據可用，最後就是，假如出現某些情勢導致你的利害關係者提早要求你拿出解答的話，你可能會在他們面前出

洋相。

不過，就像前文探討過的，「潛水艇」路線是許多需要聰明才智的職業在解決問題時的首選途徑，譬如法律、記者、工程、會計等職業。這是什麼原因？答案很簡單，因為對這些職業來說，取得數據的「時間軸」十分關鍵。

就律師的工作來講，過去、現在與未來哪一個時間點可以找到最關鍵的事實？答案是「過去」。如果找的是過去的事實，就不會有數據可不可用的問題。舉例來說，律師為上法庭做準備，他針對手上的案子去找過去的判例。若是找得到，那麼這個判例就是很有用處的參考資料，但即便找不到判例，也依然值得參考。

調查記者在哪裡尋找他們需要的已知事實？同樣是過去，再加上稍微參考一下現在。換個方式來說，你在調查外國勢力與政客之間是否有任何可能的連結時，一般會追溯到數年前去收集你需要的各種事實，也許還可以再另外訪問當前幾位重要的關係人物。

那麼工程師會在哪裡尋覓所需的事實呢？答案是「現在」，這是因為工程是在已知的科學範疇內操作，所以假如你目前正在主持一項工程專案，但又缺漏某些數據的話，你要做的就是「測量」。也就是說，你透過做實驗來進行測量。工程師由於有明確清晰的主題，因而能在「現在」創造所需的任何數據。

依賴「潛水艇」路線來解決問題的職業，通常也十分重視過去與現在的已知事實。那麼，戰略性思考的關鍵事實可在何處覓得呢？答案是「未來」。

當然，解決戰略性問題也必須靠過去和現在的事實，但解答所需的最重要數據一定來自未來。這便是試圖要解決的問題若是特別具有戰略性，「分析研究的潛水艇」就愈不管用的原因。換言之，當你處理的問題本身愈具戰略性，潛水艇路線的適用性就會降低。

走水平路線的做法必須靠取得數據才能成功，且資料的品質和數量都需兼顧。但是當你著眼於未來，而未來又是個最需要戰略性思考的所在時，數據其實很稀少，也多半極不可靠。接下來很快就會探討到的第三條完成問題解決活動的路徑，可彌補這個缺點。

現在請先容我提醒各位一個稍微有點諷刺的地方。與對角線走向的「專家執行的樓梯」相比，走水平路線的「分析研究的潛水艇」顯然是更聰明的問題解決途徑。一個人想要成為專家，只需在自己的專業領域投入數年心力即可，況且人人都能在各式各樣的事物上成為專家。然而，你若是夠聰明，能應付分析研究處理的要求，這種水平走向的途徑卻可以應用在非常多的問題上。

也因此，水平走向的「潛水艇」路線是分析型的聰明人士特別喜歡的問題解決做法。不過，有一些最聰明的問題，往往需要動用策略

和戰略性思考來對付，水平路徑對於解決這種戰略性問題的效果並不好。換言之，最聰明的人最愛用的問題解決方式，其實無法有效解決最聰明的問題，多麼諷刺！

這是因為「未來」不可能用硬知識來處理，畢竟未來只有潛在的可能性，沒有硬知識。未來無法分析，只能被創造。

創意發現的直升機

「創意發現的直升機」是**你在問題解決活動的一開始想像不到解答時**（且「專家執行的樓梯」又不可行時）所採取的途徑，這種情況下你很清楚**數據十分稀少且不可靠**（也因此「分析研究的潛水艇」的效用欠佳）。那麼，接下來該怎麼做？答案就是走「垂直路線」。

你接受自己面對的是一片未知，而且一切混亂不堪，因此你沒有把時間浪費在設法將未知轉化為事實，而是迅速將糾纏在問題周圍的那一團混亂整理出結構，並且運用創意試圖找出三、四個選項。

以經驗法則來講，最好從總時限中挪出約5%的時間給自己，盡快整理出三、四個選項。舉例來說，假設你有一個小時可以處理任務，就先花三分鐘時間抓出幾個選項；若有一星期的作業時間，則用兩小時的時間把選項整理出來。

接著我們來繼續探討一些特定職業的思維習慣與偏愛的問題解決

學會戰略性思考

做法。各位應該還記得前文曾提到律師、調查記者、工程師、會計師這些工作，通常會自然而然使用水平走向的「潛水艇」路線來解決問題，因為選擇這些職業就是要使用該路線，而這些種類的職業人士也為運用該途徑而受訓，並因為使用該途徑而得到獎勵。

你能否馬上想到幾個以垂直走向的「直升機」路線作為預設途徑的職業？從事這類職業的人在碰到要解決的問題時，可以立即發想三或四個選項，然後再審慎地慢慢挑出最佳解答。你能說出幾個屬於這

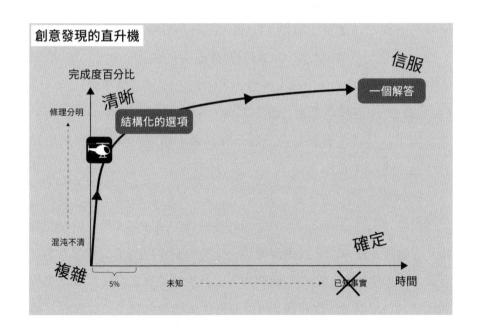

一類的職業嗎？我想到的是建築師、設計師、廣告人員、銷售人員、企業家等等。這些職業有一個共同的信念系統，他們認為解決任何問題最適當的做法就是盡快提出各種可能的解方選項，接著再逐步推進到找出所有利害關係者都中意的解答。

舉例來說，假設你請建築師設計一棟建築，那麼這個專案最後的解答就是一張完全得到認可的建築設計圖。該專案才剛開始，建築師馬上就發想了幾個可以向客戶提出的設計。建築師是採用什麼樣的架構想出多種選項的呢？他們以各式各樣的理論體系或建築學派為出發點，譬如法蘭克‧蓋瑞（Frank Gehry）的風格就是有稜有角的形狀；札哈‧哈蒂（Zaha Hadid）重視流暢的曲線；英國設計學院（British School of Design）呈現的是四四方方的形狀；柯比意（Le Corbusier）則以運用混凝土聞名等等。建築師對於一個可被接受的產出應當具備哪些要素有自己的一套理論，所以能快速為任何客戶打造三或四個選項。

同樣地，假設你給廣告公司一個月請他們籌劃廣告宣傳活動，他們通常會先花個幾天的時間發想許多選項，然後向客戶介紹這些選項，接著再逐步修改，直到琢磨出一個能得到客戶認可的解答為止。企業家可以快速運用他們的聰明才智，針對新的商業投資快速抓出幾個選項，也堪稱是「直升機」路線的最佳實踐者。接下來他們會在時

學會戰略性思考

限內逐步做修改與調整，消除初版方案的瑕疵。至於最終的解答則往往以個人喜好為準，而非基於事實憑據。

因此，對某些職業來說，水平走向的「分析研究的潛水艇」用起來有點彆扭，但採取垂直途徑的「創意發現的直升機」時卻十分順手；反之亦然，一如前文所述。

有不少實行戰略與戰略性思維的人喜歡與數字為伍，這種人往往也曾在學術環境下受過「潛水艇」路線的訓練，所以面對問題時會自

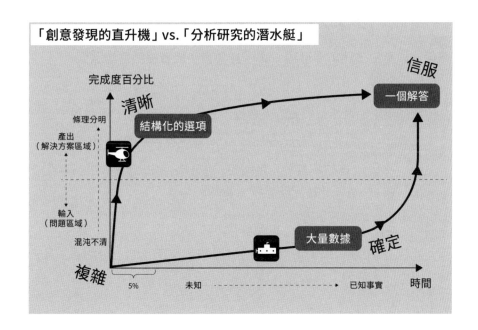

「創意發現的直升機」vs.「分析研究的潛水艇」

動以該路線來處理。他們並非沒有能力使用「直升機」途徑，而是因為不知道有這種路線，又或者不清楚該如何加以運用。反過來說，許多具有人文學科、設計或創意產業背景的人，多半會覺得能快速取得多個選項的垂直途徑非常簡單明瞭。

　　不管你的背景為何，以「直升機」路線來解決問題的莫大好處就是「清晰」。透過馬上找出大量選項的過程，會迅速達到清晰狀態。這種途徑試圖抵達路線圖的「左上角」，該位置理所當然可稱之為「清晰」。你在問題解決活動的這個時空點，可以開始策劃可能的解答。

**　　在數據很少的情況下，問題解決活動依循「創意發現的直升機」路徑快速產生多個創意選項，讓所有利害關係者達到清晰狀態。**

　　看到這裡，想必對諾貝爾獎得主丹尼爾‧康納曼（Daniel Kahneman）這位經濟學家的著作很熟悉的人會覺得很眼熟。康納曼的重量級大部頭《快思慢想》（*Thinking, Fast and Slow*）所闡述的重點與我們的路線圖十分貼合。「快思」指的正是垂直走向的「直升機」路線，能夠快速產生多個選項；至於「慢想」則是水平走向的「潛水艇」路線，可以把所有證據考慮周全之後再做出結論。

　　前文探討過「潛水艇」路線的優缺點，現在我們也來討論「直升機」路線的優缺點。你在採用直升機途徑時，會從可作業的時間中抽出5%，設法抵達「清晰」這個位置，建立出一些結構之後，從中找出

學會戰略性思考

幾個創意選項。有鑑於此，直升機路線除了有建立結構、取得選項、達到清晰的優點之外，另外還有四個奇妙的好處。

第一個好處是，你可以選擇由利害關係者（譬如老闆、客戶）來處理這些選項，這些人士也可以反過來針對初版選項做出判斷來協助你。他們大概會這麼說：「我非常喜歡A選項，B選項還可以，但C選項就不怎麼樣了。」說不定他們會另外提出你可能漏掉的D或E選項。

充滿創意的「直升機」路線以垂直向上的走勢，讓你迅速找出多個看起來就像「產出」的選項。雖然不是完成度100%的選項，但你會取得多個具創意的可能方案，可以拿來討論、評估以及加以補充。相較之下，水平走向的潛水艇路線則需要在輸入區域花大把時間，直到在最後階段才會浮現一些解決之道，但到了這個時機點你的方案如果出錯的話，對想幫你的人來說就嫌晚了。

「直升機」路線的第二個好處是，只要迅速理出數個選項，接下來你就會有很多時間挑選偏愛的解答。由於問題解決活動剩下很多時間，所以在挑選過程中可以用比較審慎一點的節奏來進行，與「潛水艇」路線一開始通常需花很長時間收集數據，最後只剩下一點時間能建構解答恰恰相反。

第三個好處是，你對於需要做什麼才能從眾多初期選項中挑出最愛的解答會有更加清楚的概念。就拿廣告公司來說，他們也許會重新

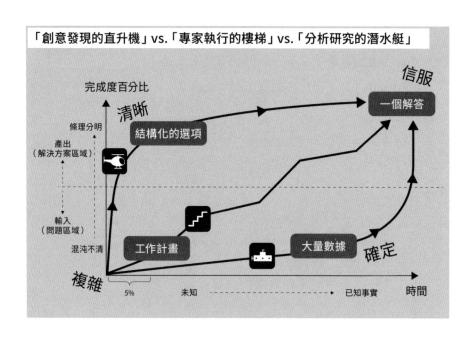

「創意發現的直升機」vs.「專家執行的樓梯」vs.「分析研究的潛水艇」

設計實物模型、提供利害關係者多種草稿、向焦點團體展示多個最後版本等等。以企業家為例，他們只要看到或許可行的投資案，大概會先跟朋友聊一聊、慢慢思考，或寫單頁的商業計畫書等等。直升機路線從「清晰」走到「信服」這條很長的水平區段，其作業內容主要就是慢慢琢磨初版方案，而最後選定的解答則多半以個人喜好與主觀意識為準。

第四個好處比較偏向內在感覺。一旦你向利害關係者提出幾個選項並為他們理出結構之後，也會讓他們的心情放鬆。換言之，他們對

你會更有信心，相信你能在時限內將問題解決，畢竟他們已經清楚看到你在初步努力的背後自有條理。

「直升機」路線對利害關係者還有你來說，真正的好處在於他們有很多時間可以仔細考慮。他們的心情會變輕鬆，會和同儕進行討論，又或者自行在腦海裡淘汰一些選項。這表示，等你最後回過頭來推薦原先提過的 X 選項時，說不定他們一點也不覺得意外，畢竟他們自己也做出了同樣的結論。你很容易就能為你建議的解答取得共識。

因此，總結來說，「創意發現的直升機」能夠將未知整理出結構，快速找出多個選項，是一種效果顯著的方法，擁有以下四大好處：

> 為利害關係者釐清狀況（讓他們有機會輸入）

> 為自己釐清狀況（有利於你找出如何挑選最終解答）

> 留餘裕給自己（這表示在問題解決活動結束前，你都可以用稍微輕鬆一點的步調來進行）

> 留餘裕給利害關係者（讓他們本身有時間好好思考）

垂直走向的「直升機」途徑的精髓在於強大威力與快速思考，能強迫你發揮創意思考，在問題解決活動一開始就心腦並用，以諾貝爾獎得主丹尼爾・康納曼的話來說就是指「快思」。這種路線的好處非

常多，但也有兩個顯著缺點。

第一個缺點是被盲目的光彩所迷惑。一開始的時候，在所有發想出來的選項當中，會有一個顯得特別醒目，不管該構想醒目的原因是本來就很優秀，還是現場最資深的人這麼認為。直升機途徑在進行之初，會出現以公司最高薪人士的意見為意見的「河馬文化」（Highest Paid Person's Opinion，縮寫 HiPPO 的意思正巧是「河馬」），結果為了滿足「河馬」一開始宣告偏愛的方案，整個活動的後續時間都用來琢磨與修潤選定的解答，進而導致其他選項還來不及受到充分關注就被否決了。這都是思考「太快」所致。

第二個缺點會在問題解決活動的後期出現。丹尼爾・康納曼的著作《快思慢想》大概會把這個缺點稱為「錯誤版本」的「慢想」，也應該會說該缺點是人性使然。在商業界做決策的人，他們的上面往往還有老闆。想想看，你的團隊在問題解決活動的一開始認真發想出三或四個適當——也差不多同樣受喜愛——的選項（如此可避免上述的「河馬」缺點），又花了一段時間經過多次討論，最後產生一個大家都有共識又中意的解決方案。該方案得到整個團隊的完全支持，卻也是一個充滿主觀、特別吸引這一群人的方案。倘若到了活動尾聲的時候，層級在這群人之上的利害關係者堅持要看到數據的佐證，那該怎麼辦？這時你會怎麼做？以商業界來說，推薦的解決方案在整個決策鏈的每

學會戰略性思考

一個環節都必須有數據佐證。除此之外，也沒有其他東西比得上客觀的數據更能通行於決策鏈的上方層級，其效果尤其勝過「直升機」路線通常會利用的高度主觀偏好。

由此可見，「創意發現的直升機」確實有幾個莫大的好處（時間＋清晰＋創意），但也附帶了一些缺點（「河馬」魔咒＋數據稀少）。是否有更好的做法能解決複雜的問題呢？當然有，「雲霄飛車」正是最佳解藥。

戰略思考的雲霄飛車

當你碰到的問題或專案有以下限制時，最佳做法便是採取「戰略思考的雲霄飛車」：

> 一開始**看不到明確的解答**（所以「樓梯」不適用）

> 整個過程**缺少可用數據**（所以「潛水艇」不適用）

> 在最後階段**利害關係者堅持要有數據佐證**（所以只用「直升機」不足以解決問題）

由此可見難為之處。你已經知道數據很少（以及又或者數據不可靠），但利害關係者認為你提出的建議應該基於一定程度的「確定」。

039

此外，他們也說希望能看到若干有條理結構的初步選項出爐，如此他們才能快速達到「清晰」狀態，進而對你所做的努力有信心。

該怎麼做才能調和上述的限制與期望，最終抵達「信服」位置呢？換言之，從「複雜」起點出發後，該如何一路穿越至「清晰」和「確定」，最後來到「信服」這個時空點？

「戰略思考的雲霄飛車」就是在問題解決活動的開端採用「創意發現的直升機」，再於活動後期納入「分析研究的潛水艇」的綜合途徑。

換句話說，「戰略思考的雲霄飛車」的開端與「直升機」路線如出一轍。一開始先垂直向上，從混亂中整理出秩序條理之後，迅速抓出多個創意選項，由此達到「清晰」狀態。

不過，達到「清晰」狀態之後，即便能取得的數據很有限，你仍然可以馬上就用這些少量數據主動淘汰初步選項，不必像「直升機」做法那樣慢慢花時間加以調整修改。分析驗證的後半段作業會把很多理論上看起來十分有效的選項淘汰，你也會因此覺得自己彷彿退回混沌不清的狀態，離完成愈來愈遠。然而，等到分析的迷霧散去，得以倖存下來的最佳解答便呼之欲出。接著，多虧有你所操作的數據所賦予的「確定」性，你可以用「信服」來呈現這個解答。

此模式可歸結為一個等式：「戰略＝創意＋分析」。

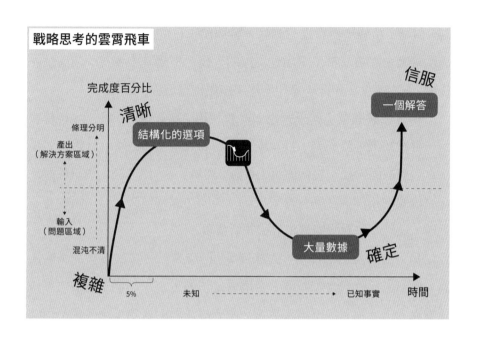

戰略思考的雲霄飛車

請注意，這與大家一般想像中的順序恰恰相反。要有戰略眼光，首先需發揮創意，然後再進行分析。因為戰略思考要處理的是未來，你能取用的數據非常少，所以如果先從分析著手的話就錯了。我們來討論幾種預設會用「雲霄飛車」途徑來解決問題的職業。

就先從醫生談起吧！假設你身體不舒服去看醫生，醫生腦海裡很快會浮現多個可能的病因。醫生用什麼結構來產生這些選項呢？他們通常是以人類生物學以及人體健康的知識為根據。一旦醫生對病因達

到「清晰」狀態，便會進行測試，意即將自己的想法訴諸數據，這些測試接著會證實有很多選項是錯誤的。醫生指望其中會有一個測試能提供「確定」性，如此一來便能建議該做何種療程。

還有什麼職業？科學家也預設會使用「雲霄飛車」路徑。科學家是一群在知識邊界作業，找尋未知事物的人，他們通常會針對世界尚不為人知的面向提出幾個假說（亦稱「選項」），然後深入鑽研數據來測試假說的正確性。對科學家來說，失敗乃家常便飯，但偶爾會有所突破，並且設法說服同儕相信這些新發現。

另外會自然而然使用「雲霄飛車」的職業就是各式各樣的戰略人員。戰略人員針對自家團隊、客戶或公司的未來先創建多個構想，快速垂直向上。接著向下潛入數據之中，將薄弱的選項淘汰。最後用強大的構想成案，說服利害關係者相信他們推薦的方案一定有效。

「戰略思考的雲霄飛車」具有以下三個必要環節。

〉 如何**快速產生絕佳構想**（上升）

〉 如何**立即淘汰選項**（下降）

〉 如何**為最佳解方取得認同**（推進）

學會戰略性思考

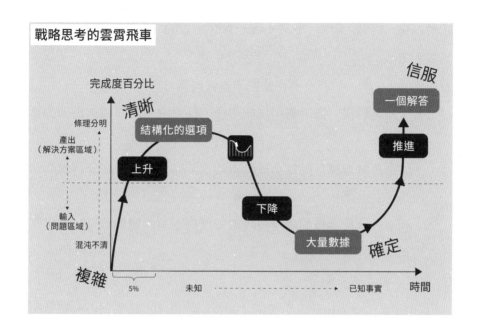

戰略思考的雲霄飛車

「雲霄飛車」的三個環節自然形成了本書的三大重點篇章。接著就先逐一概略介紹這三大篇的內容。

如何快速產生絕佳構想（上升）

想必各位對「快速產生絕佳構想」概念已經十分熟悉，因為這就是「直升機」路徑一開始的垂直走向，也就是先在問題解決活動之初建立結構並想出一些選項，以便達到「清晰」。商業環境下有很多方

式可以快速達到「清晰」狀態，我也會在本書的〈上升〉一篇為各位解說以下做法：

› 打造**邏輯樹**，把字詞串連成句子，針對陌生的問題抓出一些結構。

› 借用**商業理論**並向世上最厲害的商業高手取經，快速發想多個聰明的選項。

› 利用一些反直覺的**思考技巧**來拓展對眼前問題的認知，找出充滿創意的選項。

請切記，一開始就走垂直向上路線到「清晰」狀態，再向利害關係者提供初步選項，此舉能讓他們有充分餘裕去咀嚼思考。這意味著，你在運用「創意發現的直升機」過程中為了支持解答而提供的數據其實不必很完整，因為利害關係者會用自己的思維來看待你的選項，包括套用他們本身的數據和偏好。

如何立即淘汰選項（下降）

身在商業環境下的你，若是希望自己的戰略建議獲得認真考慮，就必須盡可能讓選項通過最多的驗證步驟，至於該怎麼做，本書第三

篇〈下降〉將探討三大技巧。「下降」階段用以下幾項做法，對初步選項做「撞擊測試」：

> 應用各種**質化技巧**讓所有構想相互競爭，使其自行排出高低優劣。

> 應用一些**量化技巧**，以偏重數據的方向來驗證你到目前為止的選項。

> 盡可能進行**實際測試**，實地去展示剩下的各個選項的可行性或其他面向。

上述的「下降」技巧，每一種都是能保證未來成功機率的做法。這三樣技巧與「分析研究的潛水艇」一般會碰到的數據處理方式截然不同。「潛水艇」途徑的做法是先收集大量數據（以防萬一），再用各種方式加以分析，然後推論出一個適當的解決方案。「雲霄飛車」卻是先集中火力發想多個選項（「上升」階段），接著再用數據來進行分析驗證（「下降」階段），以此淘汰薄弱的選項。

亞馬遜創辦人傑夫・貝佐斯（Jeff Bezos）定下14條資深主管必須力守的重要原則，其中的「大膽思考」與「深潛鑽研」這兩項，就分別與我們的「上升」和「下降」概念相呼應。你面對的問題若是愈具戰略

045

性，數據便愈缺乏。因此，你應該有備無患，利用任何可能的數據去驗證或淘汰選項，而不是用數據來產生構想。這種做法的另一個好處便是，比起製造選項所需的數據，用來測試選項的數據只需要一點點。

舉例來說，假設你在工作時忽然想到了有關新流程或產品的點子，想必會忍不住馬上Google一下這個構想，看看別人是否已經想出這個點子。從搜尋結果頁面上的二或三筆資料，你大概就能得知是否有人做了你計畫要做的事情，這個過程一分鐘就能搞定，但相對來講，若是走分析研究路線、用Google去隨機搜尋的話，卻要花上數小時的時間才能想出點子。

由此可見，「下降」其實就是指從高點潛入數據之中，判斷你想出的點子成功的可能性。然而很常碰到的狀況是，數據稀少、不可靠又自相矛盾。可想而知，在此情況下的你大概會覺得此時是打從問題解決活動開始以來，自己離「完成」最遙遠的一刻。請別絕望，本書的〈下降〉一篇會探討如何將此混沌化為「確定」。

最後要補充的是，有些問題解決活動的「雲霄飛車」旅程，歷經「上升」至「清晰」以及「下降」潛入數據的過程往往不只一次，這都是很正常的事情。最終，你一定會達到「確定」狀態，清楚知道自己手上勢必會取得最健全的證據，而下一步要做的便是取信於你的利害關係者。

學會戰略性思考

如何為最佳解方取得認同（推進）

從「確定」走到「信服」的最後一段爬升，需要靠一套特有的技巧來完成，本書的第四篇〈推進〉會加以探討。這一篇將介紹以下做法，有助於你為自己的建議方案取得認同：

> 善用**有衝擊力的文字**，針對每一位利害關係者的個人偏好來調整溝通方式。

> 核對**簡單的數字**（你的構想若是不能克服某些財務障礙，就無法取得認同）。

> 打造**動人的故事**吸引利害關係者，促使他們注意到建議方案中務必要瞭解的重要面向。

想必你會覺得文字、數字與故事的組合聽起來十分熟悉，因為不管進行何種問題解決活動或專案，也無論之前採行何種途徑達成結論，到了最後大家都是利用這種組合來說服利害關係者。換句話說，不只專家會運用文字、數字與故事的三合一做法，研究人員和創意人員也一樣。

「戰略思考的雲霄飛車」在最後呈現結論時有個稍微不同的地方，那就是數據相當少。既然沒有大量數據可向利害關係者分享，就

047

必須更有效率地運用「數字」，讓「文字」發揮更大影響力，當然也要把「故事」講得更動人！

總結

　　解決複雜問題的方法有「專家型」、「分析型」、「創意型」和「戰略型」這四種，而每一種做法對特定類型的問題或特定職業來講尤其有效。大多數的人在面對各種問題時往往都用同一套做法來因應，而非按照問題的類別來對症下藥。現在我們已經知道完成問題解決活動的路徑有四種（即「樓梯」、「直升機」、「潛水艇」和「雲霄飛車」），也認識了戰略思考的三大環節（上升─下降─推進），接著先概略介紹重點，再繼續往下探討。

　　假設有一個人（你或第三方）可以篤定地舉起手說「這件事我以前做過，我知道方法，跟我來」，那麼這種情況下採取「專家執行的樓梯」途徑準沒錯。專家會在問題解決活動的一開始或甚至還沒開始之前就制訂好工作計畫，因為這是最佳做法，可藉此證明對他們來說問題並不複雜，也能說服利害關係者相信他們的方法與解答一定有效。不過，如果你碰到的是前所未見的新問題，「樓梯」途徑就不是適當且可靠的解決方法了。

　　假使碰到的狀況是有大量可靠的數據──俯拾皆是或者有待發現，那麼「分析研究的潛水艇」會是很棒的途徑。你先仔細挖掘通常

存在於現在或過去的數據，然後加以吸收與分析，最後推敲出解答。探究、回顧、調查就是這個過程要做的事情，而這些詞彙全都指向已經發生過的問題。這種問題的水平路線已經建妥，因此進行分析研究最有可能產出絕佳成果。然而，如果要解決的問題存在於未來，「潛水艇」就寸步難行了。

「創意發現的直升機」可以漂亮解決未來的問題。未來無法分析，只能被創造。很多人在策劃未來的假期又或者創業投資案時，自然而然會用有限的數據去產生很多創意選項。這種垂直路線十分快速，做起來

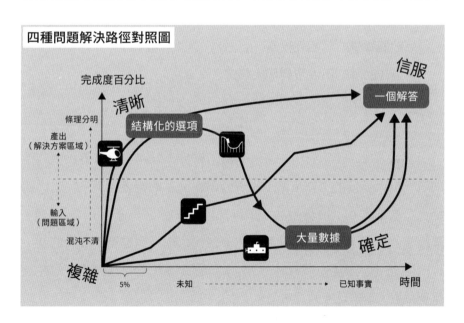

四種問題解決路徑對照圖

第 1 章：完成問題解決的四條路線

既刺激、方便又輕鬆,剩下的時間可以用來進行討論與深思熟慮,慢慢地完善選項,直到琢磨出一個適當的解答為止。不過「直升機」途徑過於著重個人的主觀偏好,在商業環境下往往難以完全服眾。

「戰略思考的雲霄飛車」顯然最適合用來解決職場上的戰略問題。**一個真正的戰略性問題,會體現以下幾個特徵:**

> 問題**龐大**

> 出現在**未來**

> **前所未有**

> **數據稀少**的可能性很高

> 最佳的解答**不涉及到個人偏好**

> **需要證據**說服很多利害關係者

雲霄飛車的「上升—下降—推進」節奏十分適合用來解決戰略性問題。以大部分的工作來講,出現戰略性問題的機會並不多,也因此絕大多數的人在其職業生涯中多半都用「專家」、「分析」或「創意」途徑來解決問題。但如果想爬上更資深的位階、想變得更成功的話,你的眼光就必須更有戰略性。「主掌」的真正含意就在於此,你應該學習駕馭「戰略思考的雲霄飛車」!

PART TWO

如何快速產生
絕佳構想

上升

商業背景下有許多方式可以快速達到「清晰」位置，本書第一篇〈**如何解決複雜的問題（思考）**〉就提到了以下做法：

> 打造**邏輯樹**，把字詞串連成句子，針對陌生的問題抓出一些結構。

> 借用**商業理論**並向世上最厲害的商業高手取經，快速發想多個聰明的選項。

> 利用一些反直覺的**思考技巧**來拓展對眼前問題的認知，找出充滿創意的選項。

〈**如何快速產生絕佳構想（上升）**〉這一篇會從以上三種做法各挑一項技巧來探討：

> **邏輯樹：金字塔原理**
> **商業理論：快樂線**
> **思考技巧：突變遊戲**

我們先退一步來看。以4到20位不等的一群人來講，要在一小時內提出大量構想的話，最常用什麼方法？答案就是「腦力激盪」，讓

先入為主的想法、老生常談、靈光乍現以及「河馬」文化等等去做隨機的動態交互作用。腦力激盪做得好的話，並沒有什麼問題，只要你準備好接受腦力激盪的三大限制：說不準構想是否面面俱到、未必說得清構想是怎麼冒出來的、難以解釋構想未來的好處。「上升」這一篇所探討的三個技巧，可促使參與者用更有條理結構的模式來產出更全面的構想，而且每一個構想都更容易追蹤。這三個技巧會分別以一個重點提問為主軸。

「金字塔原理」對聚斂性思考大有助益（你已經十分篤定自己看到正確的結果，只是沒有路徑可以前往），透過反覆問自己「必須符合哪些條件才能找到我們追尋的成功？」來達到「清晰」狀態。「突變遊戲」比較適合用來做擴散性思考（你很清楚要從哪裡著手，但是對目的地沒有概念），利用「在認知極限的範圍內，我們所能想像得到的最成功的事業版本是什麼」這個提問，激發出大量的構想。「快樂線」則是折衷之道，以「我們目前在滿足顧客需求與期望方面表現如何」這個提問，導引你到達「清晰」狀態並取得一些構想。

優質的「上升」思考基本上至少會在幾個小時的過程中，融入這三大技巧中的其中兩項；兩種技巧可以接替運用，也可以分成幾個小組同步採行兩種技巧。

053

第 2 章
金字塔原理

於專案開端運用金字塔原理

　　金字塔原理是一種十分出色的技巧，能夠在專案或問題解決活動週期的兩個階段，將人的思維抓出條理結構。換言之，這種技巧可於專案結尾，也就是你已經找到解答之後，用來為簡報建立架構，以說服觀眾相信你所提出的建議方案確實有效，就此達到「信服」位置，本書稍後會探討這個部分。另外在問題解決活動的初期，也就是尚未找到解答之前，你可以利用金字塔原理來挖掘「質化問題」的潛在結構，快速匯聚成一條通往成功的路徑。

　　首先，何謂「質化問題」？在商業背景或私人領域裡，像「我們應該要做 X 專案嗎」、「該怎麼做才能讓 Y 專案更成功」、「我們應當給予 Z 專案多少支援」等等的問題就屬於質化問題。這些問題在商業

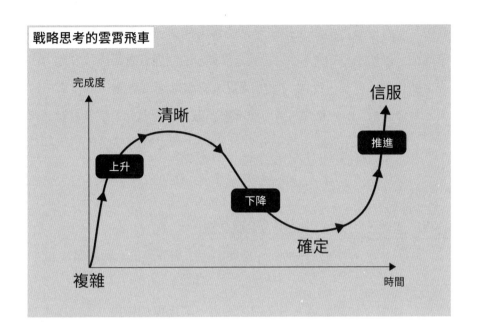

戰略思考的雲霄飛車

完成度

信服

清晰

上升

推進

下降

確定

複雜

時間

界十分常見，答案通常是文字描述，而非以數據來表示（或至少你期待的是以文字構成的解答，不是數字答案）。如果以文字來回答以上三個問題的話，答案大概會是「當然，執行X專案吧」或「不妥，別做X專案比較好」，又或者「可以對Y專案多投資一點」或「乾脆取消Z專案」。

或許你已經意識到，在職場上由於無法輕鬆回答某些以「該怎麼做」為開頭的問題，往往讓人倍感焦慮。碰到「該怎麼做」的問題時，

心中若是有解答，那麼這些問題就問得太棒了，也恰恰鞏固了你的專家地位。但如果不知道解答，「該怎麼做」的問題就會製造很多壓力，利害關係者（老闆、上司、顧客等等）的期望通常會讓你覺得緊迫盯人。當你面對「該怎麼做」或「應不應該做」的問題而對解答沒有頭緒時，「金字塔原理」是一種十分有效的做法，能幫助你快速想出絕佳構想。

於專案開端使用金字塔原理的七個訣竅

以下是我在問題解決活動初期使用金字塔原理的七個訣竅。

1. 找個可作業的區域，在最頂端寫下**最渴望的結果**，或最難達成的結果。
2. 用便利貼針對下列兩個簡單問題寫上答案，然後貼在頂端便利貼的下方，做出金字塔的結構：
   - 往下鑽探：「**必須符合**哪些條件，這個結果才會成真？」
   - 回推上層：「我們可否想出底下三個條件皆已符合，但上層的便利貼內容卻還是**無法自動成真**的狀況？」
3. 建構金字塔時應當設法把握 MECE 原則。
4. 寫條件時用**完整的句子**逐步取代技術性詞語。

5. 用**正面陳述來寫句子**，別用否定句或疑問句。

6. **重新調整**條件的優先順序，把故事說出最大效果。

7. 繼續建構**下一層**。

　　這些訣竅用久了之後就會習慣成自然。接下來，我們稍微深入瞭解一下這七個訣竅。

1. 寫下最渴望的結果

　　第一個訣竅是在作業區域（比方說空白頁面或掛圖）寫下最渴望的結果，也可以是最難達成的結果。請用「我們要把 X 專案做得非常成功」、「我們應該做 Y 專案才對」或「我們明年把 Z 專案做成功」這樣的表達方式，別寫「我們該怎麼做 X 專案」。接下來就以一個會出現在一般人實際生活、想必也有不少人都挺熟悉的質化問題來做示範。

　　假想一下，再過半年你就要結婚了，你的另一半真的很緊張。有一天半夜她（或他）渾身是汗地醒了過來，她問你：「我們的婚禮會辦得很成功嗎？」或「該怎麼做才能讓婚禮圓滿順利？」你可以設法安撫她，對她說：「別擔心，婚禮一定會很順利。」儘管是六個月以後才會出現的成果，你必須抱著很大的信心才行。換言之，你的回答雖然堅決又篤定，但其實不是那麼可靠，畢竟你沒有關於未來的任何實

質資料可參考，對「婚禮」這件事也沒有專業可言。假設你和另一半都有戰略思維，現在你們決定馬上利用金字塔原理達到「清晰」狀態。

根據我提供的訣竅，首先你要用大張的便利貼寫上「我們的婚禮會圓滿成功」，然後把它貼在牆上或窗戶上。別用「該怎麼做到X」的句型來寫，而是改成「X已經圓滿達成」的說法，如此就能馬上讓緊繃感消散一點，你會覺得自己彷彿看到婚禮圓滿成功的畫面。

2. 填入內容並理出結構

接著要做的是，問自己兩個問題，然後將答案寫下來貼在上述第一張便利貼的下一層。

第一個問題是：「必須符合哪些條件，這個結果才會成真？」一般會在第二層寫出三張便利貼。比方說，你可以寫假如「兩位伴侶都開心出席婚禮」，加上假如「所有賓客都開心出席婚禮」，加上假如「物資準備妥當且天公作美」，那麼「我們的婚禮會圓滿成功」。現在，你已經填好金字塔的下一層了。之所以稱此結構為金字塔，是因為只要在其中多加二、三個層次，整個畫面看起來就跟金字塔一樣。

接下來用第二個問題把你的初稿金字塔修得更嚴謹一點：「我們可否想出底下的A、B和C條件皆已符合，但最上層的D結果卻還是無法自動成真的狀況？」也就是說，我們能不能想出一個雖然具備了

學會戰略性思考

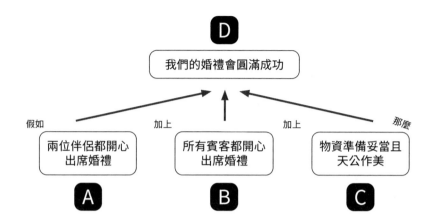

「兩位伴侶都開心出席婚禮」、「所有賓客都開心出席婚禮」和「物資準備妥當且天公作美」等條件，但婚禮沒有因此圓滿成功的情境？譬如也許有人會說假如「攝影師沒來」、假如「主持人沒來」、假如「飲料不夠喝」或假如「場地太熱」等等。

接下來該怎麼做？你已經找出不少更棘手的成功條件，現在只要用這些條件為原來的便利貼做補充更新即可。比方說，原先的「兩位伴侶都開心出席婚禮」可補充為「兩位伴侶都開心出席婚禮，還有其他重要人士（主持人、攝影師、伴郎、伴娘等等）也都到場準備就緒」。第二個條件則可以改成「所有賓客都開心出席婚禮，也備妥足量又精緻的飲料、餐點和音樂」。我們已經寫出比較難達成的新版 A 條

059

件與B條件，如果符合這些更棘手的新條件，頂端的結果就會離自動成真更接近了。

只要一想到新的反對理由，就把它加入相應的便利貼之下，將每一個條件變成愈來愈難達成的條件，直到你看著這三張一排的便利貼，再也想不出任何假如這三個條件皆成立、頂端的結果便利貼無法自動成真的情境為止。

金字塔原理的神奇力量就在於此，它有利於你在專案初期將反對理由理出結構。反對理由可說是豐富的生命基底（換言之，大家都樂意指出你的案子可能出錯的地方），金字塔原理可以在「清晰」位置上幫助你快速將基底金屬提煉成純金（也就是對你需要解決的問題理出明確、合理又嚴謹的結構，包括成功的條件在內）。

3. 把握MECE邏輯

第三個訣竅可以讓金字塔的每一層條理分明。ME（Mutually Exclusive）指「彼此獨立」，CE（Completely Exhaustive）則是「互無遺漏」的意思。互無遺漏意指底下三張便利貼加起來涵蓋了頂端結果的所有內容，這一點至關緊要，因為在層層往下抽絲剝繭的過程中，最好別漏掉待解決問題的任何一個面向。彼此獨立的重要性則次之，指不要重複一樣的東西。不過也可以這麼說：寧可謹慎過頭，也別疏

學會戰略性思考

忽大意。以策劃婚禮的範例來講,「婚禮重要人士」和「賓客」便利貼最好都先把新娘的父親算進去,免得兩邊都漏掉了這位重點人物。

4. 用完整的句子逐步取代關鍵字

剛開始建構金字塔時,你會想用關鍵字(譬如直接用「賓客」、「物資」等)。關鍵字有利於快速建構金字塔,而且可以一次填滿好幾個層次。第四個訣竅是把關鍵字當作初稿,然後逐步用完整的句子來取而代之。以婚禮範例而言,假如我們用「所有賓客都開心出席婚禮」來取代「賓客」這個關鍵字的話,會得到兩個好處。

第一個好處是,婚禮策劃人員對任何狀況會有比較全面的概念。以「賓客」為例,也許有個人說:「如果有些賓客沒出席的話怎麼辦?」另外又有一個人說:「假如有賓客不開心怎麼辦?」於是,你用便利貼寫上「所有賓客都開心出席婚禮」,這樣就能一次把兩句話的含意統整起來。

以完整句子來敘述的第二個好處是,要拆解成下一層次就變得容易多了。既然寫了「所有賓客都開心出席婚禮」,那麼接下來就可以提問「必須符合哪些條件,這句話才會成真」。想想看,假如「所有賓客都出席婚禮」、假如「所有賓客現在都很開心」,還有假如「所有賓客都留下美好回憶」,那麼「所有賓客都開心出席婚禮」就能實現了。

061

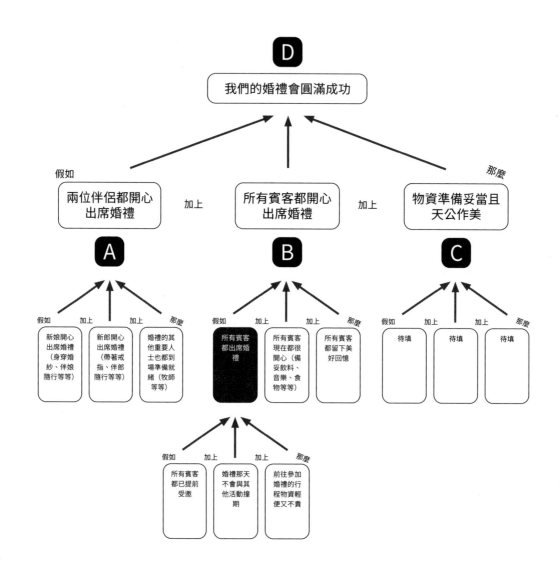

D

我們的婚禮會圓滿成功

假如　　　　　　　　　　　　　　　　　　　　　　　　那麼

兩位伴侶都開心
出席婚禮

加上

所有賓客都開心
出席婚禮

加上

物資準備妥當且
天公作美

A

B

C

假如　　加上　　加上　　那麼

新娘開心
出席婚禮
（身穿婚
紗、伴娘
隨行等等）

新郎開心
出席婚禮
（帶著戒
指、伴郎
隨行等等）

婚禮的其
他重要人
士也都到
場準備就
緒（牧師
等等）

假如　　加上　　加上　　那麼

所有賓客
都出席婚
禮

所有賓客
現在都很
開心（備
妥飲料、
音樂、食
物等等）

所有賓客
都留下美
好回憶

假如　　加上　　加上　　那麼

待填

待填

待填

假如　　加上　　加上　　那麼

所有賓客
都已提前
受邀

婚禮那天
不會與其
他活動撞
期

前往參加
婚禮的行
程物資輕
便又不貴

062

只要上一層的便利貼用長一點的句子來描述，底下的三張便利貼就很容易填寫了。

接著我們更進一步來審視「所有賓客都出席婚禮」這個句子。必須符合哪些條件，這句話才會成真？假如「所有賓客都已提前受邀」、「婚禮那天不會與其他活動撞期」（譬如有其他朋友的婚禮要參加），還有「前往參加婚禮的行程物資輕便又不貴」，那麼「所有賓客都出席婚禮」便得以實現。

一旦養成習慣，整個過程只要用兩個提問就能搞定。第一：「必須符合哪些條件，這一層的便利貼才能成真？」此提問可幫助你建構下一層的三張便利貼初稿。接著再問自己第二個問題：「我可否想出底下三張便利貼條件皆已符合，但上層內容卻還是無法成真的情境？」將想到的內容補充到相應的便利貼，把條件變得更嚴謹一點，也讓邏輯結構再緊密一些。倘若已經想不出這種情境，就表示可以填寫下一層了。

另外還有一種情況經常發生。你寫好了三張便利貼，這時另一位團隊成員提出第四種可能。以婚禮範例來說，第四個可能的狀況也許就是「假如婚禮前一天有人生病怎麼辦？」這時你一定忍不住想用第四張便利貼寫上「沒有非預期狀況」，然後把它加到金字塔裡，但我建議別這麼做。你當然還是可以寫第四張便利貼，但應該問問自己：

063

「如何把四張便利貼彙整成三張就好？」設法把四張的內容加以剪貼編輯，最後維持用三張便利貼來呈現即可。就婚禮範例而言，我們可以把多出來的那張「非預期狀況」加在「婚禮那天不會與其他活動撞期」條件底下的那一層。

5. 用正面陳述

第五個訣竅是寫句子的時候請務必用正面措辭，別用否定句或疑問句。舉個例子來說，最好用「所有賓客都出席婚禮」的寫法，不要寫「所有賓客都會出席婚禮嗎？」或「不會有賓客缺席」。疑問句和否定句措辭會讓專案才一開始就製造我們不這樣做就不行的焦慮感。假使你寫「所有賓客都會出席婚禮」，接著再問自己必須符合哪些條件這個句子才能成真，如此不但比較正面，也才有更往前推進的可能。但如果寫的是「所有賓客都會出席婚禮嗎？」，就會立刻讓自己因為一場六個月後才會進行、但你沒有數據可參考的活動而感到焦慮。有鑑於此，請盡可能以正面措辭來陳述。

6. 重新調整條件的優先順序

剛開始發想時，金字塔可以組合出豐富的條件。我們利用「必須符合哪些條件」的提問，對尋找潛在困難點的過程施加了一點急迫

學會戰略性思考

性。不過，只要找出各種困難點之後，很容易就可以看到，每一項困難點的重要性或必要性其實有高低之分，並非全數都是達成最渴望結果必不可少的條件。

以婚禮的範例來看，和「兩位伴侶都開心出席婚禮」相比之下，「天公作美」顯然就不是婚禮圓滿成功的最重要條件。不管是哪組條件，必不可少的條件都應該放在左邊，最不必要的元素則放在右邊，如此配置才能把故事說得更有效果。

7. 繼續建構下一層

這是第七個也是最後一個訣竅。隨著你循序漸進寫出三張便利貼，接著是九張，再往下寫出27張，以此類推，你應該會注意到，這個金字塔有點歪斜，因為某一邊的元素可能比另一邊多。請試著把沒填滿的部分補充完整，或重新審視目前的金字塔結構，平衡一下各部分的比重，讓金字塔的配置更均勻，我稱之為「修勻金字塔」。意思是說，金字塔剛開始時是某個樣子，但隨著便利貼逐漸愈寫愈多，堆疊的結構就要重新調整。過了一段時間，你就會雕琢出一個邏輯流暢的金字塔。至此，你已經回答了一個龐大的質化問題（比方說「我們的婚禮會圓滿成功嗎？」），也將這個問題轉化為清晰又鉅細靡遺的結構；換言之，你將自己最擔心的問題改造成3個、9個、27個、81個

065

等等更小的元素。這一系列小元素其實就是你的工作計畫，也就是你若想達成最渴望的大目標所需完成的事項。

就策劃婚禮的範例來講，新人隨時可以重新製作圓滿婚禮的金字塔。有些人會做得不錯，有些則差強人意。婚禮策劃人員的口袋裡若是有了這座金字塔，就能以同樣的架構來處理每一場婚禮，不必每次都重新來過。

總結

無論從事何種行業，作為戰略思考者的你很清楚，問題會以你不曾見過的面貌出現在眼前，所以很難回過頭用既有的路線圖去規劃活動，而是必須建構一張路線圖，也就是針對每一個待解決的質化問題，重新製作一張新路線圖。唯有快速產生多個構想，才有利於達到你渴望的結果。

只要善用七個訣竅，碰到任何質化題目或問題就不會難以回答，還可以立刻將問題轉化為周全的工作計畫。請謹記，在專案一開始就使用金字塔原理。

戰略金字塔範例

接下來要探討兩個實際運用「戰略金字塔」的例子，同時我也要請各位將這兩個例子視為示範與練習。請先花幾分鐘自己試做一下這兩個練習，然後再閱讀我提出的建議解方。

第一個例子是我在數年前為哈雷戴維森（Harley-Davidson）所做的專案，當時他們考慮要在歐洲的服飾市場大動作推出自己的品牌，所以他們的問題是這樣的：「哈雷戴維森是否應該放手去做？」這是一個「是」與「非」答案二選一的質化問題。

我建議各位先把一張大張的便利貼放在頁面頂端，並寫下「哈雷戴維森應該大動作進入歐洲服飾市場。」請想一想前文介紹在「清晰」位置使用金字塔的七個訣竅時曾提過，最爭議不斷、最渴望的結果應該放在頂端。接著往下建構兩層，先將頂端的結果分拆成三個條件，然後繼續把這三張便利貼內容再各拆解成三個條件，最後底層會有九張便利貼。這九個元素就是必須要符合的條件，如此一來哈雷戴維森才能做出「是的，我們應該大動作進入歐洲服飾市場」的結論。

我一直提到「便利貼」，想必各位對這樣東西已經再熟悉不過。用鉛筆直接在頁面上書寫的話，很容易和第一個做出來的結構看對眼而定下來，但如果利用便利貼便可剔除、變換或更改某些條件的先後順序，又能快速巧妙地組合各種想法。各位何不現在就花幾分鐘時

間，幫哈雷戴維森這個範例試做一個金字塔？稍後我會提供一個可能的解方，不過在此之前，你若是先自行試過一遍，必能對我的解方有更充分的體會。

另一個要探討的例子是杜拜埃米爾*的專案。杜拜有一個媒體城，就座落在該城市的某一區，許多媒體公司比鄰而立。當時杜拜面臨的其中一個重大課題，就是是否該將這個小媒體城轉型成重量級的全球媒體中樞，變成一個世界各地的大型媒體公司都來此設立辦事處的地方？

請在金字塔頂端貼上「杜拜在十年內會成為全球媒體中樞」這張便利貼。我們要處理的是戰略性問題（杜拜是否應該做這件事），而非營運方面的問題（如何去做）。那麼，必須符合哪些條件，才有助於杜拜做出實行該計畫的明智決定？這個案例很有意思，我提供給各位的解答也會非常詳盡，因為我經常做這個練習的緣故。請務必花30分鐘把問題拆解成三張、再九張，最後是27張的便利貼。

接著就來看看這兩個例子可能的解方。

---

* 某些穆斯林國家對統治者的尊稱。

哈雷戴維森

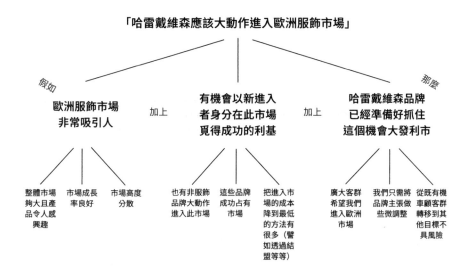

哈雷戴維森的中心課題之下有三個分支:「歐洲服飾市場非常吸引人」、「有機會以新進入者身分在此市場覓得成功的利基」和「哈雷戴維森品牌已經準備好抓住這個機會大發利市」。我們在專案一開始時並不知道最後的解答會是什麼模樣,但只要做過研究、證明以上三句陳述屬實,就表示「哈雷戴維森應該大動作進軍歐洲服飾市場」是簡單之事。

杜拜埃米爾

接著來看杜拜專案的練習,這比哈雷戴維森的案子困難多了。以下提供五張例圖,證明杜拜媒體城應轉型為全球媒體中樞。這五張圖都有A、B和C三大條件,其中一個金字塔的條件甚至向下拆解成27張便利貼。

建議各位先自行下一點功夫做練習,下列的解決方案等著你參考。先花30分鐘時間建構自己的金字塔,然後在閱讀過程中隨時做對照與比較,如此可得到更多啟發!

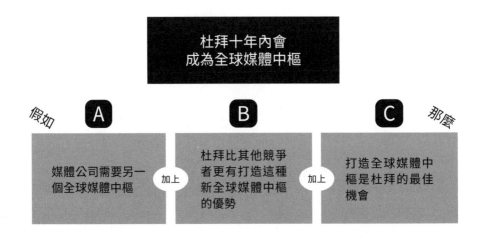

學會戰略性思考

A

媒體公司需要另一個
全球媒體中樞

假如 　　　　　　　　　　　　　　　　　　　　　 那麼

既有的全球媒體中樞不符合媒體公司的需求	加上	媒體中樞地點集中的特色依舊是媒體公司的最愛	加上	媒體公司願意且有能力搬遷到新地點
媒體公司的需求因持續朝數位化邁進而不斷演進		地點集中對公司依舊有好處（共用工作人員、共用設施、擦出意外火花、共同創作等等）		消費者有使用媒體的需求且使用媒體也變得更加國際化
既有媒體中樞所提供的環境並非最佳（昂貴、擁擠、科技老舊等等）		地點分散的優點（設施和工作人員的配置較便宜等等）並未大於缺點		媒體界仍然由幾個能影響生態體系地點的大組織所支配
既有媒體中樞沒有與時俱進的急迫感		朝文化活躍的國際型都市聚集依舊是媒體界員工偏好的生活選擇		這些大媒體公司有辦法在數位時代維持獲利能力，也有能力遷移至新地點

071

B

杜拜比其他競爭者更有打造這
種新全球媒體中樞的優勢

假如   那麼

杜拜可以為媒體公司統整出最佳配套的硬體基礎設施	加上	杜拜可以為媒體公司統整出最佳配套的軟體基礎設施	加上	杜拜可以為媒體公司統整出最佳的員工配置
杜拜具備充分的資金和政治決心，願意將基礎設施打造成世界水準		杜拜提供有利於商業發展的最佳環境（低稅、法規限制少、法治等等）		杜拜提供大量工作機會和許多專業進修的機會（大學、專業課程等等）
杜拜提供最適合媒體的基礎設施（攝影棚、超高速網路存取、出版等等）		杜拜可以為媒體公司提供充足的適任人才（管理人員、專業人員、負責支援工作的人員）		杜拜是一個特別適合媒體公司 20、30 歲這個年齡層的員工在此隨心所欲享受生活的地方（文化、藝術、酒吧等等）
杜拜提供最優質的一般商業基礎設施（機場、大樓、交通等等）		杜拜具備誘人的動機，讓媒體公司願意將部分或所有的營運單位重新配置到此新中樞		杜拜擁有世界無敵的高品質生活，十分適合 40、50 歲這個年齡層、接受公司外派到此的主管家庭

072

學會戰略性思考

C

打造全球媒體中樞是杜拜的最佳機會

假如　　　　　　　　　　　　　　　　　　　　　那麼

對杜拜來說全球媒體中樞本身就是一個極為誘人的投資	加上	全球媒體中樞提供額外可持續發展的附帶益處	加上	其他投資方案無法為杜拜實現同等的淨利益
全球媒體中樞能為本國以及經營此中樞的私人包商帶來正面且可觀的投資報酬率		全球媒體中樞有助於促進創新開放的文化，這種文化對一個沒有自然資源的國家來講是發展長遠未來的要件		其他投資方案不具備同等級的正面益處（金融、政治、文化、公關等等）
全球媒體中樞為各大公國提供包含高、低階在內的各種工作機會		全球媒體中樞對所有在地人（各大公國國民、旅外人士）是最受歡迎且為政治上所接受的選項		其他投資方案不如以杜拜躋身世界前幾強都市的願景為目標更具戰略性
全球媒體中樞有助於鞏固杜拜是中東相對自由的地區形象		不利於打造全球媒體中樞的因素（文化、政治等等）皆可受到控管並且會隨時間減輕		其他投資方案比打造成全球媒體中樞這種相對簡單的作業來講風險更高

073

杜拜十年後會成為全球媒體中樞

Ⓐ 媒體公司需要另一個全球媒體中樞

假如	加上	那麼
既有全球媒體中樞不符合媒體公司的需求	媒體中樞地點集中的特色是廣受媒體公司的最愛	媒體公司願意搬遷到新地點，媒體有能力搬遷到新地點
既有全球媒體中樞的需求因持續朝數位化進展而不斷演進	地點集中對公司依舊有好處（共用工作人員、共用設施、潛出意外火花、共同創作等等）	消費者有使用媒體的需求且使用媒體也變得更加國際化
既有媒體中樞所提供的環境並非最佳（昂貴、擁擠、科技老舊等）	地點分散的優點（設施和工作人員的配置更方便等）並未大於缺點	媒體界仍然由幾個能影響媒體生態系地點的大型組織所支配
既有媒體中樞沒有與時俱進的急迫感	朝文化活動密集型都市聚集依舊是媒體界員工偏好的生活選擇	這些大媒體公司有辦法在數位時代維持獲利能力，也有能力遷移至新地點

Ⓑ 杜拜比其他競爭者更有打造這種新全球媒體中樞的優勢

假如	加上	那麼
杜拜可以為媒體公司統籌出最佳配套的硬體基礎設施	杜拜可以為媒體公司統籌出最佳配套的軟體基礎設施	杜拜可以統籌出最佳的員工配置
杜拜具備充分的資金和政治決心，願意將基礎設施打造成世界水準	杜拜提供有利於商業發展的最佳環境（低稅、法規限制少、法治等）	杜拜提供大量工作機會和許多專業進修的機會（大學、專業課程等等）
杜拜提供最適合媒體的基礎設施（攝影棚、超高速網路存取、出版社等等）	杜拜可以為媒體公司提供充足的適任人才（管理人員、專業支援工作的人員）	杜拜有一個特別適合媒體公司20、30歲這個年齡層的員工在此階段隨身心所欲生活的地方（文化、藝術、酒吧等）
杜拜提供最優質的一般商業基礎設施（機場、大樓、交通等等）	杜拜具備誘人的動機，讓媒體公司願意將媒體部分或所有的營運單位配置到此	杜拜擁有世界無敵的高品質生活，十分適合40、50歲這個年齡層公司外派到此的主管家庭

Ⓒ 打造全球媒體中樞是杜拜的最佳機會

假如	加上	那麼
對杜拜來說全球媒體中樞本身就是一個極為誘人的投資	全球媒體中樞提供投資持續發展的附帶益處	其他投資方案無法為杜拜創造同等的淨利益
全球媒體以及經營此中樞的私人包商帶來的正面且可觀的投資報酬率	全球媒體中樞有助於促進新開放的一種文化，這種自然發展的一個沒有可觀的長遠未來的要件	其他投資方案不具備同等級的正面益處（金融、政治、文化、公關等等）
全球媒體提供各大公國以及各大公國提供包含在內的各種（高、低階在內的各種）工作機會	全球媒體中樞對在地人（各界人士、旅外人士）、國民是最受歡迎且為政治上所接受的選項	其他投資方案以強化杜拜身為世界前幾強都市的願景為目標更具戰略路線
全球媒體中樞有助於鞏固杜拜是中東相對自由的地區形象	不利於打造全球媒體中樞的因素（文化、政治等等）皆會控管並受到隨時間減輕	其他投資方案比打造成全球媒體中樞這種相對簡單的作業來講風險高許多

金字塔原理的四大好處

金字塔原理是由麥肯錫第一位女性顧問芭芭拉‧明托（Barbara Minto）在數十年前所發現的。她的著作《金字塔原理》（*The Pyramid Principle: Logic in Thinking and Writing*）主要就是聚焦在你於專案尾聲有了清晰解答之際，如何建構令人信服的簡報。

專案初期所精心打造的金字塔，除了可以為最終的簡報提供架構之外，還有另外三個絕佳好處：及早冷靜、周全的工作計畫以及決策樹。

及早冷靜

當你體認到龐大的問題可以拆解成更容易控管的小任務，而且這些任務又清楚明確的同時，你就能及早冷靜下來。舉例來說，婚禮可以劃分為「儀式」、「接待」與「其他後勤」，又或者杜拜的全球媒體中樞取決於「需求」、「供給」和「益處」，然後這些主要元素又可繼續拆解成更小的部件。

周全的工作計畫

周全的工作計畫就羅列在金字塔最底層。換句話說，最底層所有的便利貼（有27張、81張或243張的那層便利貼），譬如「列出所有

受邀參加婚禮的賓客名單」、「取得他們的電子郵件地址」、「挑選邀請函的字體」等等，就是你必須執行的小任務，如此一來你最渴望的結果才會成真。通常在不到一小時的時間內，金字塔就能讓你及早冷靜下來，於此同時還提供了面面俱到的工作計畫。

決策樹

隨著工作計畫的效果開始浮現，你會注意到金字塔也變成了決策樹。將金字塔倒過來看，最渴望的結果現在是最底層，那一整排小張的便利貼位在頂端。在這種配置之下，執行任務的成果會漸漸向下滲透，最後形成某種版本的結果。以籌劃婚禮為例，一場由姪兒的青少年樂團負責現場音樂、餐點是精緻點心自助餐的成功婚禮，勢必會與碧昂絲擔任婚禮主唱、請名廚來製作外燴料理的婚禮大不相同。

金字塔倒過來之後就變成決策樹，根據工作計畫的成果以及自己的努力，你就能抓出大概會取得何種結果。

打動人心的簡報

最後，等數據都到位之後，金字塔原理絕對是做出動人簡報的絕佳途徑。我會以是否勸進杜拜埃米爾大膽投資打造全球媒體中樞為例，提供各位具體的訣竅，讓你瞭解如何在專案尾聲發揮金字塔原理

學會戰略性思考

的最佳效用，這個部分也會在本書第四篇的〈動人的故事〉一章加以探討。

金字塔原理練習：如何擁有理想人生

金字塔原理是一種可以用來達成預期結果的技巧，無論你渴望的是什麼樣的結果。此技巧運用在商業環境下顯然效果卓著，可以把「如何達到 X 結果」這類問題都轉化為清晰明確的行動計畫。至於私人領域，金字塔原理也十分有效。現在就用這個技巧來幫助你擁有理想人生吧！

首先，請在頁面頂端寫下最渴望的結果，譬如「我的人生十年後會很成功」。接著再問自己，必須符合哪些條件這個結果才會成真。在此結果之下的第一層，想必可以寫出各式各樣的條件，以下列舉四項作為參考。

> **假如**「我身體健康」**加上**「我很富有」**加上**「我很快樂」**，那麼……**

> **假如**「我的人生達到我定義的成功標準」**加上**「我的人生達到我所愛之人定義的成功標準」**加上**「我的人生達到社會定義的標準」**，那麼……**

077

> **假如**「我的人生在接下來三年很成功」**加上**「我的人生在接下來四年很成功」**加上**「我的人生因此在之後三年很成功」，**那麼**……

> **假如**「我過去十年來的人生很成功」**加上**「我的人生從此很成功」**加上**「我未來的人生從此之後很成功」，**那麼**……

用便利貼寫下你心目中的條件之後，下一步就是問自己可否想出此層三個便利貼條件皆已符合，但上層內容卻還是無法自動成真的情境。以此類推往下處理至27張便利貼，屆時你就會豁然開朗——說不定還會因此嚇一跳——並同時獲得一份優質的行動計畫。

接下來提供兩種活動供各位練習金字塔原理的技巧，也邀請各位到www.strategic.how/pyramid分享你的解決方案：

> **金字塔原理練習活動#1**

填完伊莎貝爾尚未完成的金字塔。

> **金字塔原理練習活動#2**

針對你的人生另外寫三張最上層的便利貼（別跟上述的四項條件一樣），再接著把底下36張空白便利貼填寫完畢。

金字塔原理練習活動 #1：伊莎貝爾的人生

那麼

假如

我的人生十年後會很成功

我很快樂	我很富有	我身體健康
有貼心好友	初期資產	靈魂圓滿
家庭關係緊密	存款充足	體態勻稱
戀愛順利	工作穩定	頭腦健全

那麼

我的人生十年後
會很成功

假如

學會戰略性思考

第 3 章
快樂線

顧客滿意的快樂線

金偉燦教授（Professor Chan Kim）對商業有一影響深遠的見解。他認為商業基本上就是競爭者為了滿足顧客的需求與期待所進行的對決，意即供與需這兩股勢力之間純粹的互動。既然只有這兩股勢力，我們就可以用一些數據將它們繪製成二維架構圖。

在金偉燦教授的架構中，橫軸代表需求端，此端由「親愛的顧客，促使你獲取這項服務或產品的關鍵購買指標是什麼？」這個問題的解答來呈現。至於縱軸則作為供應端，我們再一次詢問顧客「親愛的顧客，你認為X、Y和Z這些供應商在這些重要的購買標準上表現得如何？」，以此決定縱軸的位置。

從這個架構中可以看到，銜接的大原則就是顧客所使用的指標，稱為「關鍵購買指標」（key purchasing criteria，簡稱KPC）。現在，我們已經畫出一張橫軸為需求端、縱軸為供應端的雙軸圖，接下來你可以將各供應商在這些指標上的表現成果標繪出來。以右頁圖為例，圖上一連串黑點代表的就是顧客針對X供應商所寫的「成績單」（KPC的重要性從左到右遞減）。

假如你問顧客有關競爭方面的問題，那麼橫軸的位置大概都會一樣，因為對顧客來說，這個指標在該特定市場裡很普通，但縱軸的計分就大不相同了。以顧客偏好的各種指標來講，每一家供應商的表現迥然相異。假如我們在此駐足觀察，會發現這是描繪市場動態的絕妙做法，也可以說這是市場研究人員已經用了很長一段時間的架構。金教授的真知灼見在於他另外又想出了三個解方，將此簡易的市場研究架構升級為強大的商業策略理論。

第一個解方是他假設任何市場都有顧客滿意的「快樂線」的存在。也就是說，黑點形成的某種特定形狀基本上可將顧客的快樂最大化。他主張，供應商即使實現所有指標，顧客也不會滿意（因為顧客知道這不持久，認為其中必有詐）。假使供應商實現了其中的九成或八成，也未必能達到最大的顧客滿意度。顧客滿意的快樂線其實是條懶惰的L形線條，看起來有點像曲棍球棒。以白話文來說，就是指供應

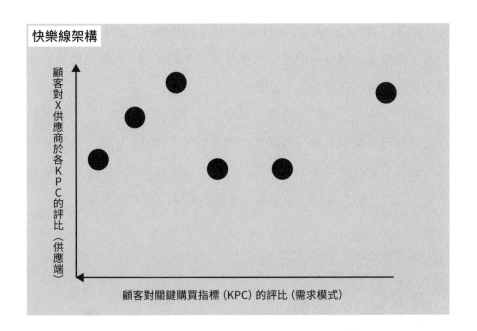

快樂線架構

顧客對X供應商於各KPC的評比（供應端）

顧客對關鍵購買指標（KPC）的評比（需求模式）

商若想成功馳騁市場，首先必須在顧客最重視的指標上拿出絕佳表現（即雙軸圖靠左邊的指標）。至於重要性次之的指標，表現並非最佳也無妨；而重要性不高的指標，表現尚可即可過關，由此便形成了「快樂線」懶惰的L形彎曲處。

第二個解方是，若要成功奪下市場，首先必須找到顧客滿意的「快樂線」並把它繪製出來，後續篇幅很快就會介紹做法。

第三個解方就相當有意思了，我們來看看84頁圖那一連串黑點。

X供應商（也許就是你或競爭廠商）所標示的黑點位置並未與「快樂線」
貼合，假設X供應商指的是你所在產業的市場龍頭，那麼這張圖意味
著你有機會可以異軍突起。怎麼說呢？

　　首先，在這張圖的左邊有一個顧客十分重視的指標，我們可以設
法做得比既有廠商更好，讓顧客的滿意度大大提升。因此，接下來要
做的就是好好花時間思考新做法，以便在這種特殊的指標上取得更高
的顧客評比，比方說推出新產品、新服務或採取新方法等等。

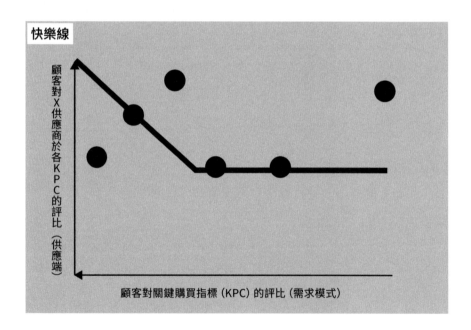

學會戰略性思考

接著來看看左頁圖的右邊。你可以看到數個指標，而目前的市場龍頭在其中一個指標表現得特別亮眼。不過，我們其實不需要在這個指標上追求高水準的顧客滿意度，因為該指標在顧客心目中並沒有那麼重要。因此，「快樂線」的橫軸部分與市場龍頭所造就的指標黑點這兩者之間所形成的高低落差，意謂的是過度投資。換言之，你不必為追求此指標的高水準表現而投資太多，而是應該將錢省下來，重新投入到顧客比較重視的指標，也就是往雙軸圖的左邊耕耘（請注意，「快

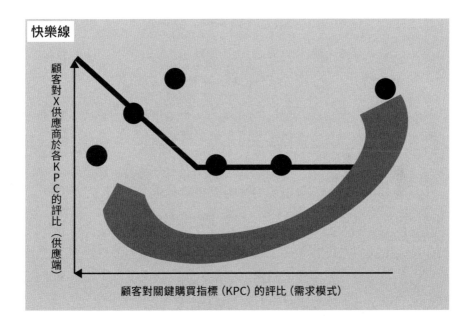

快樂線

顧客對 X 供應商於各 KPC 的評比（供應端）

顧客對關鍵購買指標（KPC）的評比（需求模式）

樂線」架構中的橫軸所指的方向是朝左邊）。

「快樂線」的第一次上場，是用來協助日本一家汽車製造商，該製造商意圖打入豪華汽車市場。當時的圖形就和右頁的範例圖差不多。由這張圖可以看到，市場龍頭B-Merc-A（此化名由BMW、Mercedes和Audi這三家汽車公司的名稱改造而成）做得十分出色，因為大多數指標的表現都與「快樂線」相當接近。

不過有一個地方值得注意，B-Merc-A落在快樂線上的指標，在顧客的KPC評比中多半表現平平，而最左邊那個指標，顧客的反應也並不熱烈。這不表示B-Merc-A做不好，只是說他們在這個重要的指標上表現很普通。既然這是顧客心目中最重要的指標，顯然就是一個新的進入點，可趁此大好良機讓顧客驚豔。第二個值得觀察的是圖右邊的位置，這裡有一個指標的表現，可以從中看出顧客的心聲：「B-Merc-A，做得好呀，但是我不太重視這個部分。」這表示我們在進入新市場時，有機會避免對某些指標過度投資。

以現實生活來說，最重要的指標顯然是服務，重要性最低的則是車速。由範例圖可以清楚看到，顧客希望製造商推出提供更優質服務的汽車，即使這款車的車速不是最快。對當時汽車產業的龍頭來說，這個商業策略建議想必令人吃驚：別對引擎投資太多，如此一來才能花更多心思提供更好的服務？未免太瘋狂了吧！

學會戰略性思考

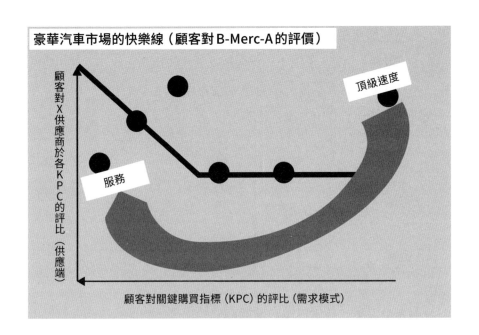

豪華汽車市場的快樂線（顧客對B-Merc-A的評價）

顧客對X供應商於各KPC的評比（供應端）

服務

頂級速度

顧客對關鍵購買指標（KPC）的評比（需求模式）

　　然而，這卻是合乎情理的建議，因為它是從顧客需求難以滿足的地方衍生出來的，故而值得好好加以探索並進一步測試，此前提過的那家日本汽車製造商便照做了。優質的服務、表現平均的頂級速度……凌志（Lexus）就此誕生，這是豐田汽車（Toyota）打造的品牌，也是歷來最成功的汽車新品牌（直到特斯拉問世）。

　　豐田的凌志車款也因使用「快樂線」而獲得另一個好處，那就是財務狀況更加平穩，上市風險變得更低。把目光從引擎轉移到服務之

後，成本結構便隨之從固定成本（研發＋製造的經常性費用）轉為變動成本（服務），也就是說，花費從前期費用變成事後成本。拜「快樂線」所賜，凌志的成本按比例只會在投資成功後才會產生，而非先花一大筆固定的前置費用。真是聰明！

以上有關「快樂線」的操作可總結為以下三個步驟：

〉診斷
〉取捨
〉構思

首先是診斷。各位要做的是把KPC找出來，對此我建議從整體市場著手。一般來講，若以整體市場來抓快樂線的話，通常會看到市場龍頭其實相當貼近這條線，而這樣的結果也在情理之中。假如市場龍頭的表現並未與快樂線吻合，對你來說就是大好機會，但倘若市場龍頭一如預期貼合快樂線，你就繼續往下探究。

把所在市場劃分為三或四個區塊，分別針對各區塊抓出快樂線。這時你會發現，其中至少會有一個區塊，市場龍頭的表現會大大偏離該區塊的快樂線，這個地方就是你的進入點。當然，假如你正是當前主宰市場的龍頭，那麼該區塊就是你的致命傷，最好立刻修補這個問題。

請務必在初步的診斷階段找出顧客重視的KPC，建構你本身或你想挑戰的競爭者在顧客心目中的輪廓，接著再畫出能在所在市場或市場小區塊致勝的顧客滿意快樂線（這個部分稍後會有更詳細的說明）。

「快樂線」的第二步驟是做出取捨。快樂線是一種注重「80/20法則」的非凡工具，因此你努力的方向應該集中在最重要的KPC上。不管是什麼樣的市場，都有不計其數的KPC。一般而言，行銷部門喜歡處理比較簡單的KPC，即雙軸圖靠右的那些。具戰略思考的人則一定鎖定最重要的KPC，想方設法地加以改善，不對其他KPC浪費過多資源。因此，行銷區域往往落在圖形右上方，左下方則為戰略區域，所以「快樂線」理論的精髓其實就是減少空洞的行銷區域，把資源再投入到更棘手的戰略區域。

第三步驟就是產生構想，這也是最後一個步驟。一旦做出適用於你的取捨之後（從位在快樂線下方靠左邊和快樂線之上靠右的便利貼或黑點做取捨）就可以產生各種串連，達到改造的目的。以凌志的例子來說，他們選擇對「服務」投入更多資源，而不是在車速上追求極致。所謂的產生構想，有時候就是把兩個KPC巧妙地融合在一起。產生構想這個步驟應該花最多時間來處理，實際上操作起來不但很有意思，而且充滿洞見。後續篇幅很快會有詳盡且實用的範例。

「快樂線」本來是商業戰略理論，現在我們也見識到它亮眼的

效果可幫助你從頭建立全新業務，豐田汽車正是藉此打造凌志品牌的。金教授在其暢銷著作《藍海策略》（*Blue Ocean：How to Create Uncontested Market Space and Make the Competition Irrelevant*）對這套理論有充分的探討。

除了企業戰略之外，「快樂線」在許多戰略環境下也有出色的效果，譬如有助於某個業務單位、部門、職務、團隊或個人拿出更好的表現。其實快樂線這種戰略技巧的設計宗旨，就是要讓我們所服務的利害關係者對我們更加滿意，促使我們更上一層樓。別用「你」想被對待的方式去對待別人，而應該用「他人」想被對待的方式去對待他們。

接下來再介紹幾個範例並提供各位一個練習活動。

快樂線範例

為了瞭解「快樂線」實際上如何運作，請先挑一家你熟悉的鐵路公司品牌，比方說英國的阿凡提*（Avanti）、美國的美國國鐵（Amtrak）、澳洲的新南威爾斯州鐵路（NSW TrainLink）或你知道的任何公司，只要這家公司經營的是鐵路，接著想像一下你就是這家公

---

* 原為英國的維珍鐵路（Virgin Trains），於 2019 年被英國第一集團（First Group）和義大利公司 Trenitalia 合作成立的阿凡提西海岸（Avanti West Coast）風險投資公司併購，同年 12 月 8 號開始營運。

司的營運長（COO）。

　　假設你身為阿凡提的營運長（或任何你選擇的品牌），你意識到公司的表現不如預期，所以打算試試「快樂線」架構能否助你一臂之力。你把資深團隊召集過來，大家圍坐在白板掛紙旁。首先你用馬克筆在白紙上畫一條線，將頁面分成上下兩區，然後在上面那一區畫出快樂線的橫軸與縱軸；橫軸代表KPC（切記箭頭應指向左邊），縱軸表示顧客對各個KPC的評比。接下來只要繼續做六個步驟，就能快速且富有成效地完成快樂線。為了從簡，請先針對商務旅行畫出快樂線即可。

　　準備好便利貼，然後指派任務給團隊各個成員，比方說1號人員，請他寫出10到12個KPC。1號人員開始動筆時，邀請團隊所有成員表達想法，直接喊出來或小聲說都可以。1號人員負責將KPC寫在便利貼上，且有權接受或拒絕其他團隊成員的建議。他寫下的KPC大概包含了車速、準點率、舒適度、餐飲、車廂設施等等。

　　1號人員做完後，由第二位團隊成員接手，這位2號人員負責再檢查一次先前找出來的KPC，並且有權換掉兩張左右的便利貼。舉例來說，2號人員也許會認為三明治或餐飲都不如票價來得重要，因此他改選「票價」這張便利貼。

　　最後總共列出10到12張KPC，3號人員上場將這些便利貼依重要

性從高到低來排序，然後把最不重要的指標淘汰掉（一般只留下前六張到八張的便利貼）。接著4號人員設法調換剩下的六到八張KPC的排序，但最多只能調換兩張。5號人員負責在縱軸上評比阿凡提的表現：倘若顧客就在團隊討論的現場，他們會對阿凡提作何評論？他們對各個KPC的滿意度為何？最後，6號人員可以更改便利貼在縱軸上的高低位置，最多只能兩張。

　　這個六步驟流程聽起來很花時間，不過實際執行起來卻很快。你會發現，輪到各個獲指派任務的人員上場時，他們對負責的環節有絕對主導權，流程會因此進行得比較快。再加上由於每位人員僅掌控一小部分的環節，所以完成整個流程後所得到的快樂線，自然是團隊集體的成果，絕非任何個人獨鐘的見解。換句話說，不會有哪個人特別滿意這張圖，也因此不會有任何人對它過於戒備。有些速度快的團隊，可以在不到兩分鐘的時間內得到結果。「快樂線」可以說是一種相當快速的流程。

　　在圖上標示好黑點之後，下一步就是決定畫線的位置。這其實不是很重要，畢竟你已經知道這條線會從左上方畫起，接著有點向下傾斜，碰到一個轉折點，然後繼續以水平方向往右走去，所以唯一的問題在於，「轉折點」在哪裡？

　　我們別問轉折點在哪裡，先來思考一下右頁圖中五種版本的線

型，分別是版本一、二、三、四和版本五。假如快樂線的每一個指標全都是水平走向（版本一），就表示一定什麼都沒做好，做這個練習活動也沒有意義。倘若顧客滿意度快樂線向下急走（版本五），則意味著一切都表現得很好，自然也沒有做這個活動的必要。版本二、三和四同樣也有各自的含意。我們現在要做的就是利用「快樂線」找出需要取捨和改善的領域。最佳的線型可以將所有便利貼分隔成兩批重要性相等的指標，讓可取捨的指標變多，以增進改善的空間。如此看

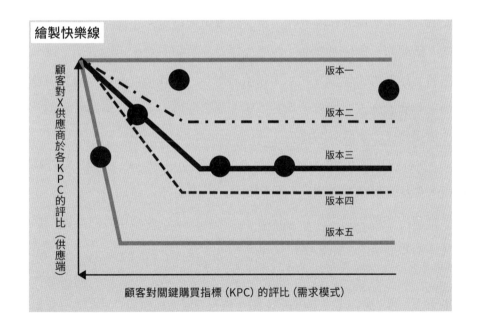

繪製快樂線

版本一
版本二
版本三
版本四
版本五

顧客對X供應商於各KPC的評比（供應端）

顧客對關鍵購買指標（KPC）的評比（需求模式）

來，例圖中的版本三或四就是最有用處的線型。

　　現在，各位已經明白這條線該怎麼走，接著要探討的是圖面上的區域，包括前端、頂端與後端，這些區域各有各的特性。「前端」區位於圖面左下方，對顧客來說這一區的指標最為重要，X供應商在此區指標的表現上仍未臻完善。換言之，X供應商必須集中心力找出構想，來提升前端區的指標表現。最具戰略性的問題通常就存在於前端區。

　　以虛構的阿凡提範例來說，團隊認為商務旅客最重視的KPC是準點率，然後依重要性高低往下排分別為車廂設施、車速、舒適度、班次、清潔度，最後是票價。我們先從左往右排，然後再從下往上排，這通常是理想的呈現方式。團隊由此認為，阿凡提在準點率的表現普通，車廂設施則略低於平均，車速、舒適度優異，班次略高於平均，整潔度極佳，票價有點貴。

　　只要把這些指標的便利貼就定位，無論「快樂線」的轉折點在哪裡，你都可以清楚看到有兩張便利貼──準點率與車廂設施──位在這條線的多數指標之下。此區即為「前端」區，你必須針對此區找出多個構想，來改善準點率和車廂設施。

　　第二步要做的是探索「頂端」區，這個區域的指標顧客並沒有那麼重視，但我們的表現卻相當不錯。位在該區的指標最好別動，各位是

學會戰略性思考

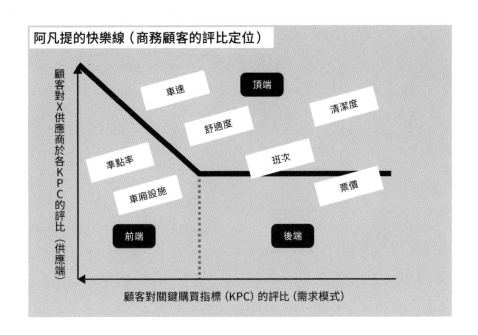

阿凡提的快樂線（商務顧客的評比定位）

顧客對X供應商於各KPC的評比（供應端）

車速

頂端

清潔度

舒適度

準點率

班次

車廂設施

票價

前端

後端

顧客對關鍵購買指標（KPC）的評比（需求模式）

否看到清潔度對顧客來說顯然沒那麼重要，但我們卻做得相當不錯嗎？
你應該可以想像到，假如清潔度的水準變差，並不會有任何好處。同樣
地，達到極致水準的花費可能跟糟糕的清潔表現所需付出代價差不多
高，因此維持原樣就好。不過像舒適度和班次這些層面，顧客認為我們
的表現介於良好到極佳，但他們不太重視這些指標，對他們來說準點率
和車廂設施才是最要緊的事。由此看來，該怎麼做才好？我們應當多想
一些做法，讓舒適度和班次可以做一點犧牲，以此換取改善準點率和車

廂設施。舉例來說，減少班次就是一個構想，這項措施會促使在鐵軌上繞行的火車班次變少，進而改善準點率。你可以想出更多點子嗎？可以？那就太棒了！我們很快就會看到更多構想。

最後來看看「後端」區。此區的指標不太重要，我們在這些層面的表現也很普通。在此要再強調一次，請盡量發想可以改善指標的點子，但別在重要的指標上做出妥協退讓。

以我的經驗來說，大家實際在定位快樂線時，多半都將心力用在找出KPC，卻沒有好好花時間汲取洞見。我建議把時間的運用比例做個調換，用5到10分鐘左右把KPC找出來寫成便利貼，再花50到55分鐘慢慢提取構想並加以包裝。這樣一來，你必能得到幾個真正以顧客為導向的優質構想，有利於你為自己的業務、部門、團隊或你本身修正戰略，因為這些構想都是在認知到顧客需求與期望的情況下所產生的。

若想將「快樂線」所隱含的構想全部提取出來，我建議各位採取按部就班的做法，先從發想「單張便利貼」的構想著手，再依序處理「兩張便利貼」、「三張便利貼」的構想，以此類推。

實施後能促使單張便利貼上移、更靠近快樂線的構想，就屬於「單張便利貼」構想。譬如「激勵列車司機準時上班」，該構想實行後可以改善平均準點率（即便只有略微提升），但其他便利貼依舊維持在原來的位置不動，那麼它就是「單張便利貼」構想。同樣地，「投資

改善鐵軌號誌」也屬於「單張便利貼」構想。請注意，新號誌有助於改良行車速度，但行車速度提高後會連帶使行車速度指標便利貼往上移而超出快樂線，這並非我們想要的，因此「投資改善鐵軌號誌」屬於「單張便利貼」構想，而非「兩張便利貼」構想。

由此可知，「兩張便利貼」構想指的就是實施後會讓兩張便利貼更靠近快樂線的構想，像「減少每日班次」便屬於「兩張便利貼」構想，因為這個措施會讓班次變少，列車來往不再那麼繁忙，準點率就會跟著提升。愈重要的KPC獲得改善的同時（該指標的便利貼會上移），較不重要的KPC就會折衷（便利貼會下移）。

綜合來說，一個構想能移動的便利貼愈多，就會變得比較微妙（因為包含多個環節），看起來也會不明確（因為比較複雜的緣故），那麼該構想成功的機率就比較高（因為一個能移動多張便利貼的構想，往往是從多張指標便利貼取捨之後的結果）。

隨著要統整的便利貼變成三張、四張、五張甚至更多張，產生構想會變成一件愈來愈困難的事情，不過絕對值得一試。強烈建議各位把產生構想當作一種「體能活動」，應當先從發想較為簡單的「單張便利貼」和「兩張便利貼」構想作為暖身，再漸進到「三張便利貼」、「四張便利貼」，以此類推。

很多人會想先確認自己找到的「快樂線」正確無誤，然後才願意花

時間從該架構中提取隱含的所有構想。有一個確認的做法，那就是進行大規模市調活動，驗證你假設的這條線（也可以說你假設的指標便利貼位置）是否就是顧客認同的那條線。不過，我有一個更好的建議。

初步完成的快樂線是團隊努力的成果（1號人員到6號人員），接著請團隊裡的每一個人另外在其他掛紙上自行做診斷。每個人的KPC在橫軸或縱軸的順序可能稍有不同，甚至連想出來的KPC都完全不一樣。假如大家能快速完成，你很快就能獲得多種版本的「快樂線」。

接下來要做的就是發揮團隊默契，依序檢視每一種版本的診斷，再綜合起來問自己：「假如X版本診斷正確的話，它可以產生什麼構想？」由於各版本的診斷多少有些不同，所以最後會得到許多構想，而不是只有最初團隊做出來的那個診斷。也許更令人意想不到的是，你會發現各版本的診斷明明有差異，但整體看起來竟然有不少共通性。理由很簡單：優質的構想可以一次解決好幾個問題，自然會同時浮現在很多人的腦海裡。

有一點值得注意，「快樂線」的練習活動通常不會用到實際的數據，但卻能得到真正的構想。原因何在？這是因為**不需要實際數據也能想出真正的構想！**在某個平衡點上，出色的解決方案始終贏過精準的診斷。換言之，若是沒有精準診斷，你就不能解決問題，但這有礙構想的產生。因此，不管是團隊作業還是個人，最好先快速畫出「快

樂線」，再花時間慢慢找出構想。

　　產生全部的構想大概要花一個小時左右的時間。花一小時找出構想之後，接下來你有兩個選擇：一是直接做先前提過的大規模市調活動（以便確認你的初步診斷是否正確）；另一個是花同樣的錢對顧客和（或）其他利害關係者測試你最佳的構想，這由你來作主。不過我一向寧可相信顧客的作為，而非他們嘴裡說了什麼，況且在商業環境下，我一定會花更多錢來測試解決方案的效果，而非去驗證最初的診斷是否準確。

快樂線的實際操作

以下針對60分鐘、以三或四人為主的一般作業流程做說明。

> **準備作業區**（1分鐘）

先拿一張白板掛紙打直放，再將頁面劃分為兩區。上半部畫雙軸圖（「不是」畫懶惰的L形線條），紙張下半部則畫四個象限，分別標上數字1、2、3和4＋。挑出利害關係者X，以他的觀點來處理問題（利害關係者X可以是顧客、員工或供應商等等）。

> **評估利害關係者X**（10分鐘）

針對利害關係者X用便利貼寫下10到12張的KPC。依重要性

高低從左到右沿橫軸排序指標，最後保留前七張或八張最重要的指標，其他便利貼則「出局」。對照這些指標評比表現（以利害關係者X的立場），接著畫出最有利於你找出絕妙構想的「快樂線」形狀（即保持懶惰的L形線條，平均配置便利貼）。每張便利貼右下角分別標上字母a、b、c等等，來代表各個KPC。

› **找出構想**（30分鐘）

找出三或四個可改善最重要KPC的構想，再將這些構想寫在「象限1」。找出三或四個可以移動兩張便利貼的構想，然後寫在「象限2」裡。接著繼續處理「三張便利貼」和「四張便利貼」構想。用別種顏色的便利貼把構想可以更動的KPC字母代號寫在括弧裡，別人就會更容易瞭解你的取捨過程，比方說你可以寫「XXX構想（a g f）」。

› **包裝最佳選項**（15分鐘）

用幾個字詞來重點概述你的最佳構想，最好是能清楚俐落呈現構想的字詞（再標上觸發此構想的元素專屬字母代號，便可一目瞭然）。

› **對利害關係Y、Z重做此流程**（有必要的話）

以下是實際操作「快樂線」的另外四個要訣。

› **訣竅一**：在你從初步發想的10到12個KPC中抓出7或8張便利貼定位在圖上的過程中，別把兩個重要性都很高的KPC合併成一個。大部分的戰略思維多半都支持「物以類聚」（也就是把相配的東西組合在一起）的做法，但各位在圖上定位KPC時請務必忍住這種衝動。不妨反過來觀察，隨時檢查前4張或5張KPC內容裡是否含有其他較小的KPC。假如較小的KPC本身的重要性足以讓它進入前七張的排名，就應該把它另外抽出來寫成一張便利貼。

› **訣竅二**：有一個簡便的做法可以幫助你記住自己找到的構想適不適合，那就是以順時針方向來移動便利貼。擺在「前端」區的指標代表要改善（便利貼往左上移動），「頂端」區的指標可以稍微折衷（便利貼往右下移動）。

› **訣竅三**：大家想到的第一個點子多半是「改善某件事」，在這之後通常會繼續想出至少五或六個具體的做法來達成「改善某件事」這個目標。你的構想愈具體愈好。

› **訣竅四**：處理到「三張便利貼」或「四張便利貼」時，由於位在作業區底部，所以很難在便利貼上完整寫出構想，這時七大指標便利貼的字母代號就能發揮功用了。舉例來說，構想別寫「火車班次變少有助於減少鐵軌壅塞，進而提升準點率」，而是

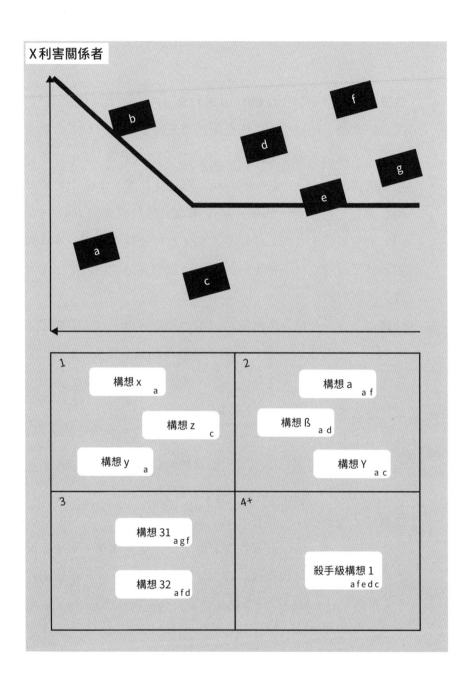

學會戰略性思考

改成「每天減少一個班次（a、e）」，因為在我們的範例中，（a）代表準點率，（e）表示班次，所以在「每天減少一個班次」後面加上（a、e），就能闡明該構想對指標便利貼所帶來的改變。

快樂線練習活動：如何討老闆歡心？

「快樂線」是一種可以用視覺畫面來呈現雙方關係，以便設法加以優化的技巧。快樂線在商業環境下效果顯著，譬如應用於公司與顧客之間。至於公司以及供應商、主管機關、各種利害關係者之間，或甚至某個部門（IT、人資、財務等部門）與其內部「客戶」（行銷、銷售、財務等部門）之間，都可以運用此技巧來提升關係。

「快樂線」用在商業環境以外的領域，也有非常好的效果，比方說你可利用此工具讓你與他人的相處變得更融洽，譬如你的父母、手足、戀愛對象或任何對你有期望的人，抑或是與你有私人關係的人。當然，快樂線也十分適合用來找出更理想的新做法，來滿足你的直屬上司這位最為關鍵的利害關係者。那麼，該如何用「快樂線」改善你和老闆的關係呢？

首先，請問自己：「我的直屬老闆重視手下的哪些表現？」接著將這些指標依老闆重視程度的高低排序，從左到右定位在橫軸上，意即最重要的指標務必放在左邊。縱軸的部分則問問自己：「假如我問

老闆我在這些指標上的表現水準如何，他會怎麼回答？」先根據曾得到過的回饋在心裡有個底，譬如老闆過去對你的讚美與批評都是很棒的線索，可以讓你從中得知老闆重視的層面，以及你目前為止的表現到哪個水準。

現在你應該很清楚接下來的流程，等診斷出爐之後，就開始處理能移動「單張便利貼」、「兩張便利貼」的構想，以此類推進行例行作業，找出可優化你與老闆之間關係的點子，然後再根據這些選項開始付諸行動。倘若老闆給予正面回應，就表示這是好構想——無論你的診斷正不正確。要是老闆反應不佳，就必須改試其他構想或者重新做過診斷。

從經驗來看，3/4 的構想都會得到正面反應，另外的 1/4 老闆大概根本沒注意到。「快樂線」途徑是非常具戰略性的技巧，能加速你的職涯發展！請做做看以下兩個練習活動，並到 www.strategic.how/happy 分享你的成果：

> **快樂線練習活動 #1**

找出更好的構想來改善菲爾與老闆之間的互動。

> **快樂線練習活動 #2**

把你和老闆之間的快樂線診斷圖定位出來，然後發想五個以上可以討老闆歡心的點子。

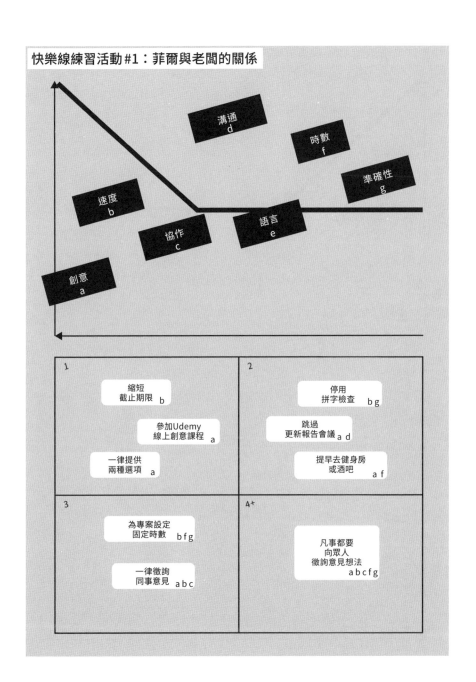

快樂線練習活動#1：菲爾與老闆的關係

溝通
d

時數
f

準確性
g

速度
b

協作
c

語言
e

創意
a

1	2
縮短 截止期限　b 參加Udemy 線上創意課程　a 一律提供 兩種選項　a	停用 拼字檢查　bg 跳過 更新報告會議　ad 提早去健身房 或酒吧　af
3	4+
為專案設定 固定時數　bfg 一律徵詢 同事意見　abc	凡事都要 向眾人 徵詢意見想法 　abcfg

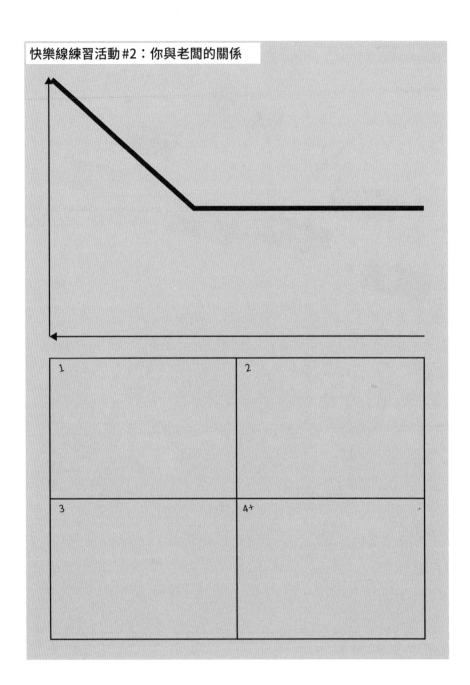

快樂線練習活動 #2：你與老闆的關係

1	2
3	4+

學會戰略性思考

第 4 章
突變遊戲

商業界的進化論

在商業界找出絕佳構想的最有效做法為何？有兩種由來已久的途徑極具成效。

第一種是模仿競爭對手。這個做法不聰明、不大器，也不明智，但效果卻非常好。原因何在？因為這表示創新失敗了。各種研究都指出，創新成功的機率基本上只介於5%到20%，所以我們假設成功機率是10%好了。如果競爭對手所做的事情在你看來十分成功，那麼你眼中的成功，其實是他們面對的巨大創新冰山中那露出水面的10%而已；換句話說，他們90%的嘗試都失敗了。既然如此，很多人會認為最好模仿競爭者那成功的1/10構想就好，別自己去創造失敗的冰山。

我認同趕上對手的成功列車是不錯，但如果能再加上其他的靈感來源會更棒。

有鑑於此，在商業界找出絕佳構想的第二種常見做法就是徵詢顧客的想法、觀察顧客的作為，或者從顧客身上汲取靈感，也就是說以需求端（顧客）為出發點，而非從供應端（競爭者）來著手。前一章探討過強大的「快樂線」可以將以顧客為本的洞見轉化為邁向成功的創新構想，推出新產品、新服務、新流程等等。快樂線能顯著提升創新成功的機率。

現在我想介紹第三種視角。我給各位的建議是「突變」你自己，別去模仿競爭對手或徵詢顧客想法，改造自身就從你做起。這包括了你當前所在的組織，連同你的能力，還有你的顧客、競爭對手、產品、流程等等。我們設法做一些微調，希望能因此在表現上有大躍進。

什麼是「突變」？就生物學來講，突變是指基因發生隨機的小變化，在自我複製的過程中發生了錯誤。突變為演化的潛在發展邁出第一步。達爾文（Charles Darwin）將物競天擇定義為小變異（即突變）的保留原則。突變正是物競天擇的第一關，它的發生很隨機、不可預測，卻至關緊要。

商業界的實務做法多半定調為不計一切避免錯誤與不可預測。因此，每次重複做一樣的事情可以說是產業和職場專業十分重視的面向，有些受到廣泛採用、可增進效率的工具也以此為核心基礎，譬如

「六標準差」（Six Sigma）這類改善流程的途徑。商業界對「突變」避之唯恐不及。

　　然而，「突變遊戲」劍指這種恐懼，徹底顛覆它的存在。「突變遊戲」可以刻意將物競天擇的特性與益處複製到商業界，應用對象是構想的產生，而非生物體。接下來我們要對「商業物件」（即流程、產品、產業等等）進行人為的大量突變，從中找出生存能力最佳的變異。

四個進行突變遊戲的簡單步驟

1. 先寫一個短句描述要突變的商業物件（流程、產品、產業皆可）。
2. 替短句中的各個元素找出數個變體。
3. 將不同的變體串連起來製造各種突變。
4. 利用這些突變激發許多新構想。

　　我們來看看實際的操作過程。舉例來說，請先閉上眼睛，想像一下公司的接待櫃檯區，接著再用五到八個字詞組成一個句子來描述接待區和連帶的接待流程。句子裡的每個字詞最好都是有意義的字詞，所以應避免使用太多銜接性質的字眼（譬如「和」、「這個」等等）。

我的建議寫法如下，提供給各位參考。一般的接待櫃檯區——或用接待流程更具體——可以這樣寫：「**兩位人員｜坐在｜櫃檯後面｜歡迎｜同事的｜訪客。**」

從這個句子可以看到，現在有六個元素——你也可以說「六組基因」——來形容目前的接待流程。接著我們要為每個元素產生變體，把整個接待流程做突變。

像第一個元素是「兩位人員」，我們可以用哪些字詞來替代該元素呢？譬如「一位人員」、「無人」、「一些人」或「每一個人」都可以拿來替換。「坐在」這個元素的話，可改為「站在」、「走在」等等。這個階段不必做任何評斷，只要對現有元素找出合理的替代選項即可。下一個元素「櫃檯後面」的替代字詞，有「櫃檯前面」、「櫃檯上面」、「開放空間」等等。至於「歡迎」字詞可用「別過臉去」、「指引」、「登記」來代替。「同事的」可改為「自己的」或「任何人的」，而「訪客」可換成「快遞」或「車輛」。

現在先暫停片刻。以我的經驗來說，每次我在現場與觀眾進行這種活動時，通常處理到第三或第四個元素時，大家就會開始冒出一些有點搞笑的內容（譬如「櫃檯上面」、「別過臉去」）。這是好現象！如此一來你才能盡情探索各式各樣的變體。

110

接待流程的突變

兩位人員	一位人員	無人	一些人員	每個人	5個變體
坐在	站在	走在			x 3個變體
櫃檯後面	櫃檯前面	櫃檯上面	開放空間		x 4個變體
歡迎	別過臉去	指引	登記		x 4個變體
同事的	自己的	任何人的			x 3個變體
訪客	快遞	車輛			x 3個變體

2160 個變體

　　我們目前為接待流程創造了多少個潛在突變？現在人數有五個變體、人員的姿勢三個變體、位置四個變體，以此類推。將變體的數量相乘之後可以看到，我們總共創造了2160個接待流程的潛在突變（換句話說，從每一列的方格各挑一個元素後可以組出2160種新句子）。

　　方格圖中包含的潛在突變未必全都有用，也不一定都能通過物競天擇這一關。為了提高成功機率，首先我們先淘汰一些已知行不通的變體，把「櫃檯上面」、「別過臉去」丟進垃圾桶裡，「登記」已經是歡

迎的環節之一，也可以刪除。最後新的方格圖會留下五個人數變體、三個姿勢變體等等，以此類推。這些變體相乘之後，總共有90個潛在突變可用，意即你可以將元素巧妙地組合出90種變化，打造各種版本的接待流程（也就是把接待流程做突變）。

這90種突變最後證明有效的比例，一定會比最初做出來的2160個突變高出許多。請盡可能把方格圖填得又大又滿，先以此激發創意，然後再稍微縮減，就像我們剛剛淘汰一些變體那樣，如此必能取得高比例的實用構想。

接待流程的突變

接下來我們從90種潛在突變中挑出幾個來深入探索，觀察它們是否真的有用處且最後能通過測試。現在我們先以下列突變著手：「**一位人員｜坐在｜櫃檯後面｜歡迎｜同事的｜訪客。**」

這句我們準備檢驗的接待流程突變中，只有一個元素和原版描述句不同，也就是「兩位人員」現在改成「一位人員」。在現實世界裡，我們應該做什麼改變才能讓這個經過突變的流程發揮效果呢？恐怕只能在大廳多擺放幾個懶骨頭，或者沙發、座位之類的東西。這是因為把坐在櫃檯後面歡迎同事訪客的「兩位人員」改成「一位人員」的話，實

接待流程的突變

際上能改變的東西並不多。人事成本是可以省下一些，但有可能出現某些關鍵時刻在大廳等候的人變多的狀況。對負責經營接待區的公司來說花費變少，可是對訪客而言痛苦卻增加了，所以你得判斷省下來的那一點錢，是否值得換來訪客的煩心，或反之亦然。這個新流程只是舊版流程的小突變，本質上的差異其實很微小（僅僅少一位接待人員），然而所得到的結果（譬如成本、速度、空間擺設）卻截然不同。

接著再來討論一個稍微激進一點的突變：「**無人｜坐在｜櫃檯後面｜歡迎｜同事的｜訪客**。」這會是有用的突變嗎？如果真有效果，那麼這個版本的新接待流程實際上會是什麼模樣？

以這個例子來看的話，新接待流程採用的應該是虛擬接待人員。接待大廳區中央會設有一臺觸控式螢幕，訪客可自行用機器驗明正身，然後他們要拜訪的對象會收到訪客已經抵達的簡訊或電子郵件通知。這種解決方案正逐漸流行，顯然催生此方案的突變流程值得保留。

現在來檢驗「**每個人｜走在｜開放空間｜歡迎｜同事的｜訪客**」這個突變句。各位可以看到字詞所組合出來的句子有點令人費解。

你一定會想這種組合字詞法真是好笑，因為畢竟是自動配對而成；又或者你可以這樣想：沒錯，這個句子確實是自動配對出來的，但正是因為看起來比其他句子更沒有邏輯，反而能強迫我們去探索過去不曾想像過的可能解決方案。

114

接待流程的突變

兩位人員	一位人員	無人	一些人員	每個人
坐在	站在	走在		
櫃檯後面	櫃檯前面	開放空間		
歡迎	指引			
同事的				
訪客				

　　這會是個什麼模樣的接待區，或該如何形容這種接待流程呢？沒錯，應該就像Apple專賣店一樣！Apple專賣店的結構正是如此，換言之，Apple專賣店的配置即為一般接待流程的突變版。此突變流程真的有用，所以被保留下來。也因此，Apple專賣店的配置可視為物競天擇應用於接待流程所得到的成果。

　　接著再試試看這個句子：「**一位人員｜站在｜櫃檯前面｜指引｜同事的｜訪客**。」此突變句有四個元素跟原版描述句不同，我們可以從中得到什麼靈感呢？

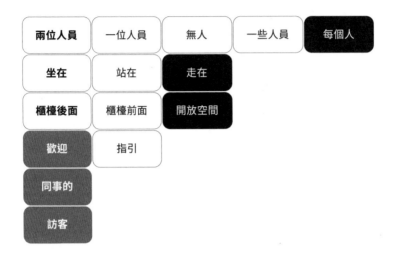

接待流程的突變

兩位人員	一位人員	無人	一些人員	每個人
坐在	站在	走在		
櫃檯後面	櫃檯前面	開放空間		
歡迎	指引			
同事的				
訪客				

　　沒錯，聽起來很像餐廳那套做法。不過實際的流程又是如何？我還不是很明白，因為這不如上一個例子那麼容易想像，可以用Apple專賣店來打比方，讓人能秒懂該突變流程的意義。

　　我們這次創造的接待流程突變，感覺像有餐廳領班的那種流程，但實際上會是什麼樣的流程我們還不是很清楚。這就是「突變遊戲」厲害的地方，也是它的功用。突變遊戲有助於你開啟新機會，如果不是馬上可以聯想、歸類和應用（譬如Apple專賣店）的機會，便是那種難以形容、但看起來十分有意思的可能性（就像餐廳領班）。

突變遊戲的目標就是改造商業物件（產品、流程、產業等等）描述句的其中一部分元素，進而促成外部產生巨大變化。若是能看清楚突變句和原版描述句之間的連結，你就會發現由突變句所觸發的新構想其實不難落實。從另一方面來看，說不定這些新構想對你的受眾（顧客、老闆、同事等等）來說反而特別有魅力。內部的微小變化，可對外部造成最大的影響。

突變遊戲的另一個莫大好處就是，這種技巧用文字就能完成，不需要複雜的數學計算，也不必花錢。另外，公司人人都可以玩突變遊

接待流程的突變

戲，不管哪個層級、哪種職務，無論面對的是何種問題。突變遊戲是很棒的思考技巧，能夠針對任何問題從公司每一個人的大腦提取新構想，無需昂貴的訓練或額外資源，只要幾張便利貼加上一面牆即可搞定，一轉眼就能產生數十個絕佳構想。

突變遊戲範例與練習活動

我們來探討一個突變計程車產業的範例。以多數城市來講，大概可以用這個句子來形容傳統計程車產業：「**個人｜在街頭｜招手叫｜隨機的｜有牌計程車｜短程接送。**」

現在你應該知道接下來的步驟。檢查過句子的每一個元素之後，開始發想各個元素的變體，比方說「個人」可以變成「團體」或「公司」。我們也可以用「預約」取代「招手」，「在街頭」改為「用手機」或「用網路」，「隨機的」則可換成「認識的」或「經過認證的」。「有牌計程車」以「無牌計程車」或「私人駕駛」來代替，「短程接送」改成「長程接送」。最後算下來，此方格圖總共組合出324種潛在突變。

原版描述句當中只有六個元素，十分簡潔。這次我們把每一個元素的變體限定在二或三個。這不算什麼，我們還是在不到一分鐘的時間內，組合出324種顛覆計程車產業的做法——這個數字是相當驚人的。其中有幾個突變句，我們稍微深入討論一下。

學會戰略性思考

計程車產業的突變

個人	團體	公司	3 個變體
			x
招手叫	預約		2 個變體
			x
在街頭	用手機	用網路	3 個變體
			x
隨機的	認識的	經過認證的	3 個變體
			x
有牌計程車	無牌計程車	私人駕駛	3 個變體
			x
短程接送	長程接送		2 個變體

324
個變體

以「**個人｜用手機｜預約｜隨機的｜有牌計程車｜短程接送**」為例，在英國來講，這句話指的就是私人出租汽車。每個國家基本上都有類似這種私人出租汽車的計程車。

假如再多突變一點，因為現在已經可以「預約」和「用手機」，我們就以「私人駕駛」來取代「有牌計程車」，再把「隨機的」換成「經過認證的」，這樣就組合成了「**個人｜用手機｜預約｜經過認證的｜私人駕駛｜短程接送**」這句話。這個突變句描述的正是Uber、Lyft、滴滴（Didi）等等的平台，以及其他知名的叫車應用程式。

計程車產業的突變

個人	團體	公司
招手叫	預約	
在街頭	用手機	用網路
隨機的	認識的	經過認證的
有牌計程車	無牌計程車	私人駕駛
短程接送	長程接送	

　　我們改成變換其他元素，探索計程車產業的突變是否有其他我們應該抓出來的可用面向——或者可以說，假如數年前就能發現這些面向的話，說不定現在已經獲利滿滿。這次我們把方格圖底部兩行的元素做替換，組出這個句子：「**個人 | 在街頭 | 招手叫 | 隨機的 | 私人駕駛 | 長程接送。**」

　　顯而易見，這就是搭便車了。這種做法在已開發經濟體可能是逐漸式微的交通形式，但依然盛行於世界各地。

計程車產業的突變

計程車產業的突變

計程車產業的突變

個人	團體	公司
招手叫	預約	
在街頭	用手機	用網路
隨機的	認識的	經過認證的
有牌計程車	無牌計程車	私人駕駛
短程接送	長程接送	

　　我們再多換幾行的元素，做得更極端一點，譬如「**個人｜用網路｜預約｜經過認證的｜私人駕駛｜長程接送**」這個句子。

　　由於有更多列的元素跟原版描述句不同，所以從這個突變句生成的構想想必迥異於傳統的計程車產業。知道情況的人大概已經認出這句話講的就是長途共乘服務公司 BlaBlaCar*。不過，即便是不瞭解業界的人也會認為這種元素組合充滿了潛力。該突變句描述的正是搭便

---

*　創立於巴黎的付費網路共乘平臺，提供有意願共享行程和費用的司機與乘客的媒合服務。

車和公車服務的折衷做法。

各位可以從以上探討的突變句中看到一個價值數百億美元的構想（Uber），一個價值數十億美元的構想（BlaBlaCar），還有一個沒有任何獲利的的構想（搭便車）。

「突變遊戲」不但十分有利於發想新流程，譬如先前探討過的接待櫃檯區流程，也很適合用來創立新公司，計程車產業就是很好的例子。另外，這種途徑對於發想新措施、新產品、新業務、新產業等等也都有很好的效果。突變遊戲普遍適用於專案初期，可促進思考「上升」，幫助你快速想出大量可能有效的選項。稍後在〈下降〉一篇會探討如何從這些構想中精挑細選，取得切實可行的新解方。

現在，我想邀請各位做一個快速簡單的練習活動，這樣有助於你更加瞭解整個突變遊戲的流程。假設彼得是你的一位美國好友，他不太滿意自己目前的社交生活。被問到自己的社交生活狀況時，他給了以下回答：「**冬天｜和家人｜吃東西。**」顯然彼得的社交生活就只有感恩節、聖誕節和超級盃賽事，是該補充一點新意的時候了。有什麼最有效的做法可以稍微改變一下內部，就能造就外部煥然一新呢？當然是突變遊戲！我們一起為彼得的社交生活做突變吧。

先準備好紙筆，然後把想到的內容填入124頁共三列的方格圖中。這張方格圖很小，每個元素只能填兩個替代選項。除了感恩節、

突變彼得的社交生活

1	2	3	
吃東西	喝東西	做運動	3個變體
和家人	和朋友	和陌生人	x 3個變體
冬天	夏天	秋天	x 3個變體
			27 個變體

聖誕節或節禮日之外，你還可以想到多少其他替代元素？我們已經將方格圖的欄位編號，方便為每個突變句標上號碼，以此記錄構想的來龍去脈。舉例來說，「烤肉」這個構想源自於112號突變句（**夏天｜和家人｜吃東西**），「園遊會」則是從232號突變句（**夏天｜和陌生人｜喝東西**）衍生的。由於這個活動產生的突變只有少量（突變遊戲一般可產出上千個突變句，此活動只有27個），所以我們可以把元素的突變記錄成一張表。

	突變句		突變句 專屬編號	構想
冬天	和家人	吃東西	111	聖誕節晚餐、感恩節
夏天	和家人	吃東西	112	烤肉、公園野餐
秋天	和家人	吃東西	113	…
冬天	和朋友	吃東西	121	哈克雷（Raclette）乳酪之夜
夏天	和朋友	吃東西	122	…
秋天	和朋友	吃東西	123	鄉間散步和酒吧午餐
冬天	和陌生人	吃東西	131	…
夏天	和陌生人	吃東西	132	等等
秋天	和陌生人	吃東西	133	
冬天	和家人	喝東西	211	
夏天	和家人	喝東西	212	
秋天	和家人	喝東西	213	
冬天	和家人	喝東西	221	
夏天	和朋友	喝東西	222	
秋天	和朋友	喝東西	223	
冬天	和陌生人	喝東西	231	
夏天	和陌生人	喝東西	232	
秋天	和陌生人	喝東西	233	
冬天	和家人	做運動	311	
夏天	和家人	做運動	312	
秋天	和家人	做運動	313	
冬天	和朋友	做運動	321	
夏天	和朋友	做運動	322	
秋天	和朋友	做運動	323	
冬天	和陌生人	做運動	331	
夏天	和陌生人	做運動	332	
秋天	和陌生人	做運動	333	

這張表故意沒有寫滿，方便各位盡情補充自己想到的構想。以我的經驗來說，一般人大概想了八到十個構想之後就精疲力盡了，所以建議你和其他人一起玩突變遊戲（通常四到六人一起做）。

從這張表格可以看到，單一突變句觸發的構想不只一個，譬如112號突變句就能讓人聯想到烤肉和公園野餐。同樣地，也會出現數個不同的突變句全都連結到同一個構想的狀況，像吃東西（123號突變句）和做運動（323號突變句）都可以想出鄉間散步和酒吧午餐的構想。這非常正常，也是一件好事。你探索的突變句愈多，想出絕佳構想的機率就愈高。

要特別注意的是，在物競天擇的原則之下，某個突變若是有用，就會被保留下來。只要探索的突變愈多，其中一個突變證明有效的機會也愈大。以突變彼得的社交生活這個練習活動來講的話，這代表什麼意思呢？這表示你應當仔細思考這27個突變句，強迫自己盡可能多找出一些構想。你很快就會體認到，構想愈多，就愈有機會找到二、三個能徹底改造彼得社交生活的構想。

突變遊戲的實際操作

以下針對60分鐘、以四到六人為主的一般作業流程做說明。只要準備便利貼、馬克筆再加上一面牆，就能做突變遊戲。也建議各位

學會戰略性思考

試用我們的應用程式，作業流程會更有效率（網址為：www. strategic. how/mutation）。

> **寫描述句**（5分鐘）

挑五到八個有意義的字詞組成句子來描述突變目標現在的狀態。將這些字詞元素寫在便利貼上，並貼入第一欄的方格中。（最理想的做法是每個字詞各寫一張便利貼。原則上只要合理的話，一個元素還是可以包含一個以上的字詞，譬如「短程接送」。

> **產生替代元素**（15分鐘）

針對原版描述句裡的每一個元素發想二到四個替代字詞，並填入方格之中（如有必要，可先寫出五或六個替代元素，再把你最喜歡的挑出來用）。

> **挑選突變句並產生構想**（30分鐘）

每一列挑出一張便利貼，就能組合成一個突變的句子。突變句都有專屬編號，是由句子所含字詞的欄位號碼構成。（請注意：原版描述句的突變編號由數個「1」組成。）做出50個左右的突變句之後，每一句花10到20秒觸發創意構想。每個突變句可發想多個構想，或者很多突變句都會得出相同的構想。

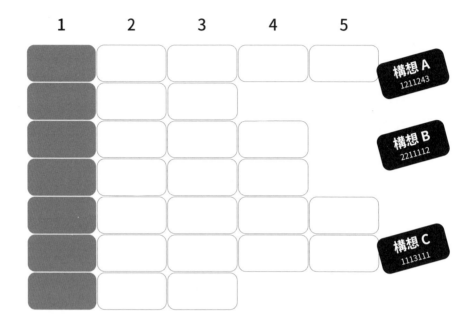

發揮你的創意直到再也想不出新構想為止，就可以繼續處理下一個突變句。

> **包裝最佳構想**（10分鐘）

用二到四個字詞來重點概述你的最佳構想，清楚俐落地呈現構想（再標上觸發此構想的突變句專屬編號方便回溯來源）。

以下提供四個實際操作突變遊戲的訣竅。

> **訣竅一**：請盡量做出矩形的方格組合。此遊戲做出來的方格組合，最完美的格局應當是從上到下共五到八個元素，左到右約二到四個替代元素。盡可能把方格填滿，完成長方形格局（以前文提過的接待流程範例來講，它的空白處就太多，應盡量填滿）。

> **訣竅二**：在檢查突變句時，先從一、兩個元素著手就好。突變句愈接近原版描述句，就愈有可能觸發有意義的構想。假如你挑太多非原版元素的字詞，恐怕會組出太過於瘋狂的構想……或沒有任何意義的構想。花幾分鐘先從方格右側挑選元素，由此切入來檢查突變句的話，十分有助於打破拘束，激起你的創意活力。接著再回到左側挑出多數元素，如此可產出比較簡單的構想，更有機會通過現實測試而保留下來。

> **訣竅三**：請盡量挑以需求端著手的原版描述句，但需求和供應端都該試試看。就計程車的範例來說，原版描述句是用需求端的立場切入，寫法是「個人在街頭……」，以供應端為取向的描述句寫法為「有經驗的司機在街頭繞行招攬搭短程的乘客」。從需求端和供應端著手的描述句各有好處，建議兩種都嘗試。不過以需求端為出發點的話通常可以拓展思維──況且顧客至上！

› **訣竅四**：利用應用程式（網址是：www.strategic.how/mutation）。

應用程式比起在牆上貼便利貼的做法來講有兩大好處。第一個好處是，多虧了有「儲存和回顧」功能，應用程式可以進行大量突變。你可以快速檢視各種突變句，往左滑就能把稍後想多花一點時間思考的突變句儲存起來，用起來有點像交友軟體Tinder。另一個好處是可以真正做到「隨機突變」。假如靠人力進行突變遊戲，在一列一列往下挑選的過程中，你一定會忍不住想組出有意義的句子，這意味著你的選擇有可能會在不知不覺中偏差。相反地，應用程式可以用隨機至極的突變句來充分考驗你，如此往往能激發出深刻的突破與創新。換言之，應用程式比便利貼做法更能發揮突變遊戲真正的精髓！

突變遊戲練習活動：如何讓麥肯錫多元化？

「突變遊戲」是一種擴散性思考技巧，可以在轉眼之間針對任何主題製造數千個選項。

假設現在麥肯錫巴西分公司（McKinsey Brazil）的高層團隊正在尋求多元化的方法，又或者我們將自己當作波士頓顧問集團日本分公司（BCG Japan）或德勤諮詢公司義大利分公司（Monitor Deloitte Italy）的資深團隊。過去幾年這些國家經濟疲軟，資深團隊面對其他

策略顧問公司如火如荼的競爭，希望能藉由拓展業務範圍，從某些鄰近區域挖掘更豐富的客源。

首先我們要做的就是寫出由五到八個字詞組成的句子，描述要尋求突變的目標，以上述案例來講，目標是分公司的顧問業務。要做突變的目標通常都可以分別從供應端和需求端來描述。以下提供四種從供應端和需求端來描述顧問業務的句型。

> **需求端**：一家｜公司｜付錢聘請｜外部｜專業人士｜執行｜專案
> **需求端**：客戶｜接受｜適任｜人員｜針對問題｜提供的｜建議
> **供應端**：人員｜協助｜客戶｜解決｜棘手的｜業務｜挑戰
> **供應端**：專家｜收費｜協助｜客戶｜解決｜業務｜問題

先選定要採用的句型，再針對句型中的每一個元素想出二到四個替代字詞填入方格之中。填寫完畢後，快速瀏覽50個左右的突變句，藉此觸發新構想。接著你可以分別用二到四個字詞概述最佳構想，並配上突變句專屬編號方便理解。

我們提供下列兩種練習活動，讓各位現在就能練習突變遊戲的技巧，同時也邀請各位到以下網址分享你的解方：www.strategic.how/mutation。

> **突變遊戲練習活動 #1**
利用哈洛特的句型和方格,找出優質構想促進麥肯錫巴西分公司的多元化發展。

> **突變遊戲練習活動 #2**
請你撰寫其他句型填入方格之中,找出三個以上有助於麥肯錫巴西分公司多元化發展的構想。

學會戰略性思考

突變遊戲練習活動 #1：
哈洛特對麥肯錫巴西分公司多元化發展的看法

- 管理顧問 1113121
- 最佳實務做法論壇 4114152
- 商務版 TripAdvisor 2111112
- 提醒服務 3231114

1	2	3	4	5
專家	消費者	人工智慧	客戶	包商
收費	免費	透過交換	透過訂閱	得到擁抱
協助	研究	探討	分享	打造
客戶	員工	競爭者	利害關係者	社會
解決	闡明	實行	測試	緩和
業務	產業	公益	個人	政治
問題	解決方案	構想	機會	方法

133

突變遊戲練習活動 #2：
你對麥肯錫巴西分公司多元化發展的看法

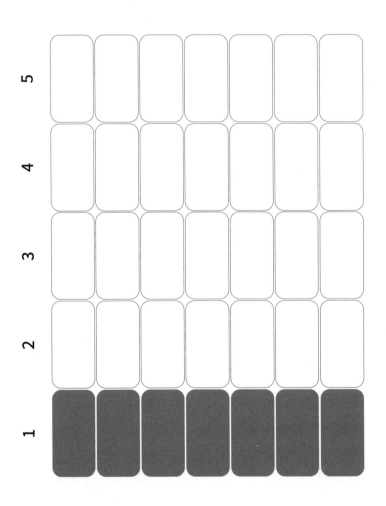

PART THREE

如何立即
淘汰選項

在商業環境裡，有許多方法可以從「清晰」來到「確定」，本書第一篇〈如何解決複雜的問題（思考）〉也提到了以下做法：

› 應用各種**質化技巧**讓所有選項相互競爭，使其自行排出高低優劣。
› 應用一些**量化技巧**，以偏重數據的方向來驗證你到目前為止的選項。
› 盡可能進行**實際測試**，實地去展示剩下的各個選項的可行性或其他面向。

本篇〈如何立即淘汰選項（下降）〉會從以上三種做法各挑一項技巧來探討：

› **質化技巧：報償分析矩陣**
› **量化技巧：環境分析**
› **實際測試：精實創業**

大致上來講，「下降」技巧統整了三樣武器來淘汰構想：文字、數字和行動。假使某個構想聽起來相當穩妥（使用文字），計分又高（數字為證），實際進展也不錯（對照小規模測試），那麼它大概是你

所有選項當中最出色的構想之一。要驗證構想的優劣，這三種途徑缺一不可，採用的先後也有一定順序。文字來得容易，不需要什麼成本；數字的成本不貴，但正確的數字得等上一點時間才會出現；至於實際做測試及採取行動，在不少產業中需要的成本也愈來愈便宜，但準備的時間會比較長，而且最好先確認你所測試的是到目前為止最好的構想。有鑑於此，三種途徑的採用順序應為：文字、數字、行動。

由此可見，「下降」其實就是指從一個高點向下潛入數據的世界（文字、數字、行動），找出你手上的構想將來會成功或失敗的機率。然而，數據稀少、不可靠又充滿矛盾的狀況並不少見。你若是碰到這種狀況，想必當下會覺得這是自專案開始以來離「完成」階段最遠的一刻。不過，隧道盡頭的曙光在等著你！有些問題解決活動的「雲霄飛車」旅程，歷經「上升」至清晰以及「下降」潛入數據的過程往往不只一次，這都是很正常的事情。最終，你一定會達到「確定」狀態，清楚知道你勢必會為自己的構想取得最健全的證據。

富有成效的「下降」作業必須結合上述三種技巧。還請各位留意，「報償分析矩陣」通常大概要花一小時的時間；「環境分析」大概需要數個小時或數天；進行「精實創業」的時間則從幾分鐘到幾週都有可能。

第 5 章
報償分析

報償分析矩陣

一般人往往將某個業務視為一套措施或「行動」。若說業務就是由一套措施組合而成，那麼最後能成功的措施愈多的話，就表示該業務的績效會更好。把持續進行的一組「行動」管理得當，成功自然隨之而來。

這種「行動」組合講的可以是舊專案、新專案，或甚至是你不久前才在部屬臉上看到的那閃閃發亮的目光。舉例來說，部屬剛從「上升」階段取得的嶄新構想，還有前幾章介紹過的各種線型，都是「行動」的一種，這些往往都是用「快樂線」、「突變遊戲」或其他能快速製造絕佳構想的做法所產生的。

「報償分析矩陣」是非常巧妙的工具，它可以快速分類、排序和

改良生活上的「行動」。從全公司的大規模專案到針對各團隊的措施，報償分析矩陣都能充分發揮良效。不管是喜歡與數字為伍的人，抑或看到數字就頭痛的人，都適合使用這種工具⋯⋯總而言之，報償分析矩陣的適用性遍及公司上下。

接下來各位必須先瞭解報償分析矩陣的三個概念：立場、賭注和矩陣本身。

立場

我們先從「立場」談起。基本上，公司（或是某個部門、某個團隊）可以選擇從三種面向來處理未來，而這三個立場分別為：

> › 創造未來
> › 順應未來
> › 保留競爭權利

像 Apple 之類的公司通常會試圖「創造未來」，無論他們採取什麼行動，為的都是設法登上所在產業的龍頭寶座，在樹立標準、創造需求方面扮演關鍵角色，以此奪下勝利旗幟。從相反的另一端來看，「保留競爭權」則意味著用充分的投資維持自己在市場中的一席之地，同

時避免草率的付出。不過也許有人會認為，微軟過去20年來就是因為只投資一點點讓自己留在不同領域的市場，所以才保留了在各領域競爭的權利（譬如Bing搜尋引擎、職場聊天程式Teams等等）。

其他公司則毫不保留地選擇「順應未來」，成為市場第二快速的行動者。這種公司致力於快速、敏捷又有彈性地辨識既有市場中的機會，並牢牢抓住，由此打開勝利大門。以國際會計師事務所德勤（Deloitte）為例，該公司向來能充滿自信地踏入別人已經開啟的市場，再努力超越他們。

最後，絕大多數的公司都會從三個立場來施展他們的措施：設法在某些領域創造未來、在某些領域順應未來，也在更多領域裡保留競爭權利。

賭注

除了上述三個立場之外，事關重大的第二個概念就是「賭注」，下賭注是一般公司都會做的事情。商業環境下的「賭注」大致有三種：

> 「無悔」行動
> 選擇權
> 大賭注

「無悔」行動是指在任何情境下都會有正面結果的決策。或許這樣說有點自私，我通常將訓練視為一種無悔的行動。因為投資做訓練一定會有正面益處，也許這種益處有時候只有一點點，有時候卻十分正面，甚至有時會達到改頭換面的效果。總而言之，訓練屬於「無悔」行動的一種。

「選擇權」通常是指用一小筆預付款下的賭注。這些錢花下去之後多半有去無回，或者回報少之又少，但在少數情況下卻能得到巨大報償。選擇權的代表性例子就是樂透，通常買了樂透之後，結局十之八九都是扔進垃圾桶，但偶爾可能會有中大獎的機會。

最後一種賭注是「大賭注」。在某些背景下，你會得到非常正面的報償，但在別種情境下卻迎來極為負面的結果。想像一下玩俄羅斯輪盤來賭錢，外加一把上膛的槍。沒錯，你有機會大贏一場，但也有可能輸很大，所以玩之前最好先弄清楚成功的機率有多少（換句話說，手槍裡還剩多少發子彈）。

矩陣

接下來，我們可以把立場和賭注組成3×3的方格圖，這就是「報償分析矩陣」。它把公司可以投注的三種賭注，對照公司在處理未來時可以採取的三種立場。橫向項目（立場）從左到右分別為「創造」、

報償分析矩陣

	創造	順應	保留
大賭注			
選擇權			
無悔			

「順應」和「保留」，縱向項目（賭注）從上到下是「大賭注」、「選擇權」和「無悔」。

假設你目前正在策劃10到20項措施，無論這些措施是針對整間公司、你的業務單位、部門或團隊。我們要做的就是用便利貼把每一個措施寫下來，然後把它們定位在矩陣中。這些措施通常包括「進入X市場」、「推動新產品Y」、「將通訊全數移至通訊軟體Slack」、「修改業績獎勵機制」、「收購Z公司」、「重新調整行銷機能」、「重新設計標誌」等等。

我們先問以下兩個問題，依序決定各項措施在矩陣中的位置：

› 這項措施屬於大賭注、選擇權或無悔行動？

› 這項措施會創造未來、順應未來或保留競爭權利？

判定便利貼位置的過程，可能因參與者人數多而變得有些耗時，因為會出現多次辯論的狀況。有鑑於此，應當先快速瀏覽各項措施，把定位無異議的便利貼標在適當位置。接下來再進行第二輪，速度放慢一點，這次處理容易引發爭辯的措施，對照已經標好位置的措施進行會對你有幫助。報償分析矩陣可以透過視覺畫面針對你的公司統整成一套措施，如下圖所示，幫助你用「指派」、「清空」、「討論」或「拖曳」四個關鍵決定來優化這套措施的效果。

各項措施的報償分析

	創造	順應	保留
大賭注			
選擇權			
無悔			

指派

第一個決定就是**指派**「無悔」行動。換句話說，立刻將這類措施從方格中移開，因為這些通常是現場參與者無須再討論的措施。「無悔」行動基本上就是指會獲得正面報償的措施。把這些措施指派給後輩去處理，讓他們有機會因為達到最大獲益而揚名立萬吧！

報償分析和決定

	創造	順應	保留
大賭注			
選擇權			
無悔	指派		

清空

第二個決定是**清空**矩陣右上角的「保留大賭注」方格。這塊角落最好別留有任何措施，因為公司沒有理由在下大賭注的同時，又保留

報償分析和決定

	創造	順應	保留
大賭注		？	清空
選擇權		？	？
無悔	指派		

競爭的權利。原因何在？大體上來說，矩陣的縱向項目指出風險程度，橫向項目則顯示報償高低，所以報償分析矩陣又稱為「風險—報償」矩陣。定位在「保留大賭注」的措施，表示就其提供的報償來講風險太大了。那該如何是好？我們要做的就是盡量提升報償，將該措施加以改造，讓它的報償分析可以定位在矩陣中更理想的位置。

提升「保留大賭注」措施的報償分析有三種方法。假如風險程度維持不變，我們就該設法將措施往「順應」那一欄調整。換句話說，我們能否採取什麼行動為公司帶來更大利益？要不然我們就決定一樣

保留競爭權利，但是應該將此措施移至「選擇權」那一列。也就是說，我們能否將該措施分成幾個階段，等第一階段成功後再繼續投入第二階段？又或者用更理想的做法，我們統整出一個權宜之計，設法把目前的措施協調成風險較低（以選擇權取代大賭注）且報償更多（從保留變成順應）的新版本措施如何？

舉例來說，Facebook 和 Google 雙雙祭出大型措施，他們嘗試利用高空物件環繞地球，擴張網路涵蓋範圍。Google 於 2013 年推行實驗計畫 Project Loon，這項野心勃勃的押注行動打算在全球遍置高空氣球，讓世界各地都能存取網路。顯然這就是「保留大賭注」措施，因為失敗的機率和成本都非常高，就算最後成功，所達到的成果大概也和其他途徑的效果差不多（頂多就是多了一種提供網路服務給民眾的途徑罷了）。

有什麼辦法可以改善 Project Loon，將該計畫從「保留大賭注」的定位移走呢？以下提供三種可能的做法：

› 往下移至「選擇權」（比方說一次只放置一個氣球）
› 往左移至「順應」（譬如專門針對網路覆蓋率不高的國家）
› 移至左下方區塊（僅在單一國家上空放置一個氣球）

學會戰略性思考

Project Loon後來單獨成立自己的公司Loon，並於2018年7月宣布公司的第一個商業交易：和肯亞電信公司（Telkom Kenya）合作，提供該區網路連線。肯亞5000萬人口當中，雖然有不少人有行動網路可使用，但該國非常多區域都在網路供應商的服務範圍之外，由此可見先從放置一個氣球著手的好處。從「保留大賭注」屬性誕生的Google措施，經過五年的「清空」之後，轉移成「順應選擇權」。也就是說，原本全球各地都要放置氣球，後來減縮為只在肯亞上空放置一個氣球。要是2013年時Google一開始就採用「一國一氣球」的做法，Project Loon計畫現在一定大有進展。

報償分析矩陣的優點在於能找出多種方法來改善初始措施的報償分析，尤其對可能讓人悔不當初的「保留大賭注」更是有效。這些年來，就我所見所聞，各家公司通常有二到三成左右的措施位在右上方的「保留大賭注」方格。這些都是風險太大又相當沒必要的措施，最好將它們往下或往左移，又或者如果能夠雙管齊下——直接往左下移動的話更好。若是想針對未來財富做調整，改善措施的報償分析應該是最有效率的途徑。這種時候通常得動用才智、文字、天賦和專案知識，發揮巧思來解決問題，而不是依靠大數據或分析本領。

第三個重大決定就是**討論**「創造大賭注」,即位在左上角方格的措施。管理團隊應該好好投入心力,針對此處的措施加以辯論探討,並且超然於實際執行措施的部屬之上。理由何在?因為不管是以何種方式,矩陣的這個角落有可能對公司的未來產生巨大影響。此區措施意味著最大的報酬維繫在最高風險上,結果不是大好就是大壞。優秀的團隊應該投入充分的時間設法再次確認,是否有更明智的做法可以讓這些措施轉向「選擇權」,別繼續以原本的「大賭注」屬性發展下去。

報償分析矩陣

	創造	順應	保留
大賭注	討論	?	清空
選擇權	?	?	?
無悔	指派		

拖曳

現在各位已經熟悉如何移動矩陣上的措施了，想必也清楚看到矩陣上的最佳定位（將「無悔」行動指派出去之後）就是「創造選擇權」。只要是定位於此方格的措施都能提供「創造」所衍生的正面報償，以及「選擇權」途徑風險較低的好處。因此，第四個也是最後一個決定就是審視剩下的所有措施，盡可能將這些措施**拖曳**到「創造選擇權」方格裡。到目前為止，各位應該很清楚特定結構的措施（風險較低、報償更多、流程經過改良），經過調整後會變成新版本措施，其便利貼會更接近最理想的報償分析。

總結

利用以下四種途徑處理措施的「行動」，可以讓報償分析矩陣作業獲得最佳的戰略性產出。

> 指派所有的「**無悔**」行動
> 清空所有的「**保留大賭注**」
> 討論所有的「**創造大賭注**」
> 拖曳其餘措施靠近「**創造選擇權**」方格。

以下這張矩陣圖誠可謂「BCG成長占有率矩陣」的21世紀版。報償分析矩陣是優化措施組合的工具，它仰仗的是參與者的才智敏捷度，不需要數據。也就是說，這種工具要求人員多多變通，替每個初始措施一一改善其報償分析，改造出些微不同的新版本，進而為公司整體創造福祉。

報償分析和決定

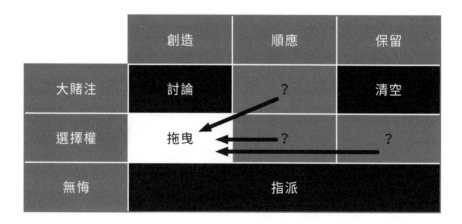

報償分析範例

　　「報償分析矩陣」有利於優化公司的戰略性措施，無論是外部措施（進入新市場、推出新產品等等）或內部措施（開發新流程、新技

術等等）。舉例來說，聯合利華（Unilever）實施了一項名為「永續生活計畫」（Sustainable Living Plan）的策略，正是外部與內部措施多管齊下的寫照。

從外部措施來看，聯合利華在官網聲明他們有「清晰的使命──讓永續生活普及化──和願景，希望在拓展業務的同時減少成長所造成的環境足跡，提升我們對社會的正面影響。」

上述措施以下列三個目標為根基。

› 10年內幫助10億以上人口採取行動改善他們的健康福祉（從衛生、營養和其他層面著手）。
› 20年內在持續拓展業務的同時，把製造和使用聯合利華產品所產生的環境足跡減半（從溫室氣體排放、用水、永續原料供應、廢棄物和包裝材料著手）。
› 10年內在拓展業務的同時，改善數百萬人口的生計（從職場公平、女性發展機會和共融性事業著手）。

在全部措施皆以三大目標為出發點的情況下，「報償分析矩陣」會有何種模樣的呈現是顯而易見的。不過你必須對營養、溫室氣體、工業廢棄物處理等稍微有專業知識，才能瞭解聯合利華這些措施的用心。

接著我們來探討報償分析矩陣應用在內部措施的情形——多數組織的狀況都差不多，所以這個部分比較容易理解。以聯合利華為例，他們導入「5C」架構，來協助行銷人員順應特定日常活動來施展宏觀的策略願景。5C指的是消費者（Consumers）、連結（Connect）、內容（Content）、社群（Community）和商業（Commerce）。對此聯合利華行銷主管艾蜜莉・譚（Emily Tan）2017年於《Campaign》雜誌有以下說法：

› 消費者：把消費者當作「真北*」。聯合利華品牌的角色就是藉由克服混亂、預測消息靈通的消費者有何需求並提供協助，把生活變得更簡單。

› 連結：廣告尚未式微，但必須進化。當今講究的是連結要即時、要切合背景、要感同身受。數位生態體系必須好好整頓，否則消費者將持續陷在糟糕的線上體驗之中。

› 內容：消息靈通的消費者篩選能力變強，不能容忍虛假。「人們不討厭廣告，討厭的是壞廣告……我們運用傳統介入式廣告平衡資產，尋求可以具體訴諸人們需求或熱情的內容。」

› 社群：聯合利華要「利用地表70億人口的創造力」，即時傾聽

---

* 即地球的北極點，這裡意指消費者需求就是聯合利華品牌努力的方向。

我們消費者社群的心聲並與之互動，利用數據共同創作，建立更深層的關係，並且在趨勢出現之前就先找出它們。

› 商業：商業指的不再只是買東西這種事，它也涉及到瀏覽、便利、效用、體驗，甚至是娛樂。聯合利華正在實驗新型態的商業模式，用新方法直接觸及消息靈通的消費者。

消費者、連結、內容、社群和商業都不是短期內會過時的東西，況且5C架構也和當今多數組織切身有關。不過，這也象徵著既定的管理實務做法有了巨大轉變。假設現在聯合利華的「學習發展團隊」為此統整了一系列有利於培訓新領導者和主管的專案與措施。這些措施包括延請客座講師為數百人發表午餐演說；以職務為基準排定YouTube播放清單；提撥小額預算供個人按照自己興趣培養技能等等。這些各種不同的措施都可以定位在報償分析矩陣上，如154頁表格所示。

在學習發展團隊所規劃的措施中，占掉最多預算的大概還是傳統的「主管教育」：他們要把全球行銷部門最傑出的15位主管，送到哈佛大學或歐洲工商管理學院（INSEAD）參加為期四週的寄宿課程。學習發展團隊特別針對這項措施，想方設法地改善其報償分析。目前該措施仍偏「保留大賭注」屬性，之所以說「保留」是因為每一家大公司都這麼做，至於歸類為「大賭注」則是因為它占掉學習開發團隊很大一部分

聯合利華的領導力發展課程方案

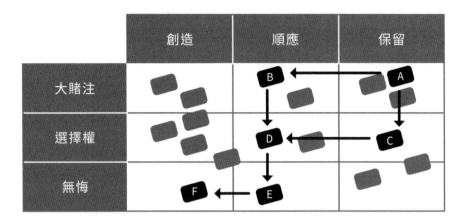

的預算，再加上不少人進修回來後會離開贊助他們去上課的公司。

用不到一小時的時間把構想在矩陣中定位之後，學習開發團隊很容易就能經由幾次移動，以滑行路徑將「主管教育」項目從「保留大賭注」角落一路帶到「創造無悔」這個美妙方格。

以下是該措施從目前盛行的A版變成未來更理想的F版所歷經的旅程：

› **A版**：主管教育（到聲譽卓著且提供住宿的商學院參加為期一個月的領導力發展課程，譬如哈佛大學、歐洲工商管理學院）
› **B版**：聯合主管教育（與A相同，但外加邀請公司目前供應商

和合作夥伴公司的人員共同參與）

› **C版**：發展衝刺課程（在公司內部進行為期一週的領導力發展課程，無須住宿）

› **D版**：聯合發展衝刺課程（在公司內部進行為期一週的課程，外加邀請供應商與合作夥伴公司的人員共同參與）

› **E版**：工作坊（在公司內部進行一系列為期兩天的領導力發展講習，以目前的問題為範例做練習活動，外加邀請嘉賓共同參與）

› **F版**：適用於未來的工作坊（與E相同，但擴大邀請未來可能的供應商和合作夥伴公司的人員來共同參與）

從這個例子可以清楚看到報償分析矩陣的四大好處。

首先也是最重要的，報償分析矩陣是簡單強大的途徑，有利於優化個人的構想。先從團隊已經找出來的構想著手，再經過討論交流逐步將該構想朝風險較低（在矩陣圖中往下方移動）、報償更多（在矩陣圖中往左邊移動）的方向調整。

報償分析矩陣的第二個好處是具有「俄羅斯娃娃」的特性。它可部署於公司整體（以聯合利華的例子來說就是指針對三大外部目標），又可用在內部部門的措施上（即5C架構），最後還可以應用於職能層級（學習發展團隊的培訓構想方案）。

第三個好處是利用文字，而不是數字。就多數公司來講，比起數字，大家對文字還是比較得心應手，因此可以運用報償分析矩陣的人更多。同樣地，三或四人左右的小團體，能夠良性循環「互尬」彼此的見解，更有利於構想的產生。不過說到改善構想，通常以10到20人的稍大團隊來進行最具效果，因為每一個人都能貢獻自己的專長，幫這個措施消除一點風險，替那個措施增加一點報償等等。

第四個好處是彈性。你會發現每隔幾年——或每隔數月，尤其對變遷快速的產業而言——矩陣中任一措施的定位都會改變。這是因為經過一段時間之後，即使不在預料之內（又稱為「保留」），曾經顛覆世界的措施已經標準化了（也就是「順應」）。這是重新檢討所有措施的大好機會，可以在矩陣中再將它們往左邊移動。

這個範例闡述了公司該如何從公司整體或針對組織上上下下、各個業務單位、部門、職務或團隊的角度來應用報償分析矩陣，不管是立即採取行動還是逐步進行，將他們的措施加以定位及優化，就像聯合利華一樣。

報償分析矩陣的實際操作

以下針對措施介於10到20項、現場最多20人的一般作業流程做說明。只要準備便利貼、馬克筆再加上一面牆或白板掛紙，就能做出

不錯的報償分析矩陣。也建議各位試用我們的應用程式，作業流程會讓你大開眼界（網址為：www.strategic.how/payoff）。

› **列舉措施**（5分鐘）

首先也是最重要的，報償分析矩陣作業的其中一個目標是分類現有的措施，以便理出優先順序，改善最具價值的措施。因此，請先列出所有的措施（即「初始措施」），替每個措施取個好記的名稱（一般用一至四個字詞來描述即可）。

› **定位措施**（10分鐘）

畫出 3×3 的方格圖，在縱向項目格分別寫上「大賭注」、「選擇權」和「無悔」，並提醒參與者這個部分表示任一措施的風險程度與特性。橫向項目欄位從左到右依序寫上「創造」、「順應」和「保留」，也告知參與者這個部分顯示措施對所屬環境造成的影響，意即最終可能會為你帶來的報酬。將各項措施的便利貼定位在方格圖裡。

› **評估與調整**（5分鐘）

定位好所有措施之後，你會發現有一些措施「好像標錯位置」——通常在標好位置的初始措施當中，一定會有幾張貼在不恰當的地方。這些措施的報償分析看起來和鄰近方格的措施

的報償分析不搭，所以請調整一下這些措施的位置，使之更符合大家的共識。

› **優化你的措施組合**（所需時間視情況而定）

針對所有措施執行以下四個決定，才能大大改善整套措施的風險報酬平衡：

• **指派**所有的「無悔行動」。

• **清空**所有的「保留大賭注」。

• **討論**所有的「創造大賭注」

• **拖曳**其餘措施靠近「創造選擇權」方格。

各項措施的報償分析

	創造	順應	保留
大賭注	▭ ▭	▭ ▭	▭ ▭ ▭
選擇權	▭ ▭	▭	▭
無悔	▭		▭

以下提供另外四個訣竅，幫助各位實際在應用報償分析矩陣時更上手。

› **訣竅一**：在方格圖裡定位各項措施時，每一個項目不要花超過30秒。先挑第一項措施，請每位參與者投票決定該措施屬於「大賭注」、「選擇權」或「無悔」（就像玩「剪刀石頭布」那種喊聲的節奏），搭配手舉高、舉中間和舉低來表示。接著再請大家用同樣節奏對橫向項目進行投票，用手臂往左、往中間或往右比，選出該措施是「創造」、「順應」還是「保留」。多數人都選的項目表示大家有明確共識，如此可節省時間。針對不能透過比動作馬上就能表決出定位的項目，多花一點時間進行辯論。

› **訣竅二**：做報償分析矩陣之前，先別解釋太多「保留大賭注」方格的含意。參與者若是瞭解這一格代表的意義很糟，通常就會避免把太多措施定位於此，你也會因此失去了試圖優化這類措施，讓它們離開此方格（移至「順應」欄、「選擇權」列或兩者皆是）的價值。對這個不好的初始定位有個概念，然後設法加以優化才是比較好的做法，而不是一開始就對問題避而不見。

› **訣竅三**：利用不同顏色的便利貼標示各項措施在報償分析矩陣中的演進。比方說，用某種顏色代表「初始措施」，再用另一種

顏色表示改良版的措施在矩陣中的新位置，又或者用第三種顏色表示其他的進化。

› **訣竅四**：利用應用程式（網址是：www.strategic.how/payoff）。這個工具可以處理的措施比紙本牆面的做法多更多。假如要評估的措施超過15項，通常用紙本牆面來做的話會變得非常混亂，應用程式就沒有這種限制。除此之外，應用程式也比較容易掌握某項措施改善後的版本演進，讓你一目瞭然，清楚看到「保留大賭注」措施移動到「創造選擇權」方格所走的滑行路徑。

報償分析練習活動：如何改造 Facebook？

報償分析矩陣是「下降」歷程三大技巧中的第一種，可用來驗證「上升」戰略思考過程中所產生的構想優劣。

在報償分析矩陣的加持之下，每一個初始構想都有機會從毛毛蟲（譬如「保留大賭注」）蛻變成最有可能成為的漂亮蝴蝶（譬如「創造選擇權」或甚至是「創造無悔」），接著你再判斷整套措施當中哪一種風險報酬組合適用於你。

這種途徑幾近完美地補強了馬克・祖克柏（Mark Zuckerberg）在Facebook歷來所用的「快速移動、打破局面」口號。有了報償分析矩陣，我們現在可以說「明智移動、三思後行」。急著用初版的構想，

幾乎注定了得到的結果只有次佳的命運。

假設馬克‧祖克柏現在要請你針對當今的Facebook執行報償分析矩陣作業。有些人對於Facebook在2018年7月26日星期四那天市值蒸發1200億美元的事情大概還記憶猶新……1200億！這次痛擊是許多因素集結在一起所致，包括用戶採用率下滑、歐盟通過新資料保護立法（即「一般資料保護規範」，簡稱GDPR）以及廣告攔截程式愈來愈普遍。不過其中最重大的因素還是該公司宣布招募數千人擔任內容管理員，藉此監督網站和用戶的動態貼文。

這個重大因素正是「保留大賭注」的典型實例。該措施昂貴又高風險，是一項大賭注（就長期而言不會成功的機率很高）。它同時也是一種「保留」行動，即便碰到最理想的情境，Facebook也只能退回到社群網絡，依然有採用率、廣告和隱私權的問題要面對。

除此之外，Facebook每個月都會宣布一些新措施來保持成長，包括旗下Instagram和WhatsApp在內。

根據以上所述，我們提供兩種練習活動讓各位練習報償分析矩陣的技巧，同時也邀請你到以下網址分享你的解方：www.strategic.how/payoff。

› **報償分析練習活動 #1：**

請針對「招募 3000 名內容管理員來監督用戶的動態消息」這個以「保留大賭注」方格為起點的措施，標出它的滑行路徑。

› **報償分析練習活動 #2：**

針對你近來聽過最具報導價值的 Facebook 最新措施，利用報償分析矩陣評估這些措施的初始位置並標在矩陣圖上。

報償分析練習活動 #1：
Facebook 的人才招募措施滑行路徑

	大賭注	選擇權	無悔
保留	招募 3000 名動態消息管理員		
順應			
創造			

報償分析練習活動 #2：
Facebook 最新措施的初始設定

	大賭注	選擇權	無悔
保留			
順應			
創造			

第 6 章

環境分析

五個關鍵數據點

誠如前一章所探討的,用一個小時左右的時間做報償分析矩陣,是啟動戰略思考雲霄飛車「下降」部分的絕佳做法。你先從「上升」階段所產生的 10 到 20 個的構想著手,再將措施組合優化成無悔行動、選擇權和大賭注。其中通常會有一些構想特別突出,需要你進一步加以評估和驗證。「環境分析」就是指收集和運用數據的流程,這種做法有助於判定既有選項的優劣。

需要多少數據才能驗證某個選項有效與否呢?關於這個問題有以下兩種相互衝突的思想派別與實務做法:

> 「大數據」派主張數據愈多愈好
> 「精準數據」派卻認為用最快的速度取得所需的最低數據量即可

我明確支持精準數據派，寧可盡快拿到有限的數據，也不要太慢才取得比較全面的參考資料。

收集了巨量數據後卻無法加以消化的大有人在。訣竅就在於，應當先找出你要問的問題，再來只要收集小範圍的數據集即可。優秀的戰略人員一定要稍微懶惰一點（也就是等到絕對必要時才去處理數據）。務必三思再三思，直到你清楚知道自己想要何種數據、明白自己想要何種結果為止。做出能實現預期成效的分析讓人心滿意足，做出非預期成果的分析則可讓人從中學習！無論是滿足還是學習都是同等重要的結果，但是愈快知道愈好。

「環境分析」有一個真理進駐我心多年：「任何戰略問題都只有五個關鍵數據點。」這是我從一位身形消瘦、充滿睿智的策略顧問夥伴那裡聽來的，深深引起我的共鳴。當時我在策略顧問領域已經工作將近十年，也開始注意到這種模式。同時我還有另外一番感受，他也替我把這些想法具體化成以下見解。

「不管是什麼專案，最重要的地方就是快速找出這五個關鍵數據點。找到之後，你就會發現自己其實已經有其中兩個數據，因為它們

一直都在你身邊，只是你不知道它們的重要性。另外兩個數據你可以透過其他研究取得（譬如線上調查、面對面訪談、設計模型等等），至於最後一個數據點則總是難以捉摸。

戰略講的就是未來，而未來至少會有一個面向無論你多麼努力探索，都有如霧裡探花。這其中隱含著一個重要訊息，那就是你絕對無法光靠數據來說服任何人相信你的新戰略構想，因為完美的解方始終都缺少一個數據點，或者可以說，至少少了一個完美的證據來支撐你的建議方案。只要願意接受自己說服力十足的解答一定會少一個數據，那麼解決問題的過程就會變得比較單純，這時講求的就是速度。」

因此請特別留意，專案開始之後應盡早垂直向上到「清晰」，把最初想出來的選項和利害關係者分享，也可以讓他們有時間先做考量打算。等到了專案尾聲，你回過頭來簡報自己要推薦的方案時，利害關係者早已有時間平復一些自己對各種構想與選項產生的焦慮感。你不必擔心無法提供面面俱到的數據，因為利害關係者會用自己的想法來判斷。

以當今多數的專案來講，你一開始所掌握的數據其實已經多到足以能回答你的問題。也就是說，不需要透過「分析研究的潛水艇」去爬梳，就能收集到一筆又一筆的數據。首先這是因為你應該已經具備足以開始進行分析的數據，再來就是因為本來就會缺少一或二個關鍵

數據點。這是供需邏輯的特性：手上擁有的東西愈多，就愈覺得自己想要的東西不在裡面。我們以娛樂界（音樂、電影、書籍等等）的供需型商品為例，探討其消長態勢。

需求型娛樂指的是在你得到或看到真正的實品「之前」，先瀏覽「虛擬」版的娛樂（譬如歌曲、書籍、電影等等）。30歲以上讀者或許有些人還記得，供應型娛樂是指你必須累積很多「實體」（書籍、DVD、CD、黑膠唱片等等）「之後」，在某一天挑選你要使用哪一項娛樂商品。以供應型娛樂來說，你的選擇僅限於自己到目前為止所收集到的東西；至於需求型娛樂，只要在相應的平台上，你的選擇可以說無窮無盡。娛樂界自2010年之後就從完全供應型轉變成幾乎以需求型為主。

也就在同一時期，數據的世界同樣從供應型轉變為需求型。別擔心一開始就要收集到所有數據，因為你最需要的完美數據十之八九會缺漏，你到目前為止所累積的數據也會讓自己的想法有偏頗。因此，最好把心思放在找出你需要的五個關鍵數據點，好好消化你已經擁有的數據，然後再繼續尋覓缺漏的那些數據即可，這才是比較明智的做法。

本章會介紹環境分析的各種視覺化工具和範例。我們特別挑選了一些多數讀者作為消費者來講都十分熟悉的產業，譬如服飾零售、保險、玩具等等，讓各位更容易吸收這些內容。

環境分析的四大視覺化工具

有一個實用做法可以找出五個關鍵數據點，就是透過環境分析的四個「象限」。驗證任何新商業構想是否有效的時候，一定會從需求端和供應端著手，所以你可以分別用宏觀與微觀的角度去審視供需兩端。

以宏觀角度來觀察需求端通常稱為「市場分析」，過程中要處理的有規模、成長、市場動態及市場區隔等等的議題。用微觀視角來研究需求端則稱為「顧客分析」，焦點放在關鍵購買標準、滿意度及忠誠度等等。

以宏觀角度來評估供應端稱為「產業分析」，關注的層面是競爭者獲利能力、產業集中度以及規模經濟等等。最後，公司分析則著重

環境分析四象限

	需求	供應
宏觀	市場分析	產業分析
微觀	顧客分析	公司分析

你本身的業務，特別是成本結構、獲利空間水準及組織結構等等。

環境分析的每一個象限都搭配數十種強大的工具和技巧，這些工具又值得另外寫一本專書來探討！不過在此我僅針對每個象限各挑一項主要的視覺工具來介紹，以免本章過度膨脹：

› **馬賽克圖**（Mekko）是功能最多元也最全面的方法，可直取市場分析的核心。

› **GPS圖表**用一張圖從大量產業動態抓出重點。

› **轉換瀑布圖**以視覺畫面呈現顧客分析的精華之處，即哪些地方滿足了顧客？哪些地方失去了顧客的青睞？

› **系列獲利能力分析**可針對公司產品或業務單位在資源上有錯誤配置之處提出真知灼見。

馬賽克圖

馬賽克圖應該稱得上是最強大的環境分析工具。這種圖除了可以顯示市場分析資訊，從更廣泛的角度來講，也能在單一圖表上呈現三種切面的數據。有些人可能不曾見過這種圖形，有些人對這種圖會比較熟悉一點。當你向觀眾簡報馬賽克圖時，應當引導他們觀看的路線，讓他們先大致瞭解這是什麼樣的圖，然後再告訴他們這張圖所顯

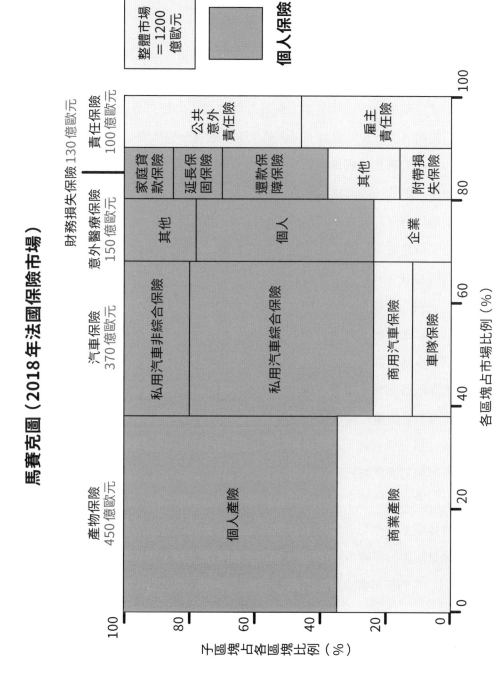

馬賽克圖（2018年法國保險市場）

整體市場＝1200億歐元

個人保險

責任保險 100億歐元
- 公共意外責任險
- 雇主責任險

財務損失保險 130億歐元
- 家庭貸款保險
- 延長保固保險
- 還款保障保險
- 其他
- 附帶損失保險

意外醫療保險 150億歐元
- 其他
- 個人
- 企業

汽車保險 370億歐元
- 私用汽車非綜合保險
- 私用汽車綜合保險
- 商用汽車保險
- 車隊保險

產物保險 450億歐元
- 個人產險
- 商業產險

子區塊占各區塊比例（％）

各區塊占市場比例（％）

示的意義。在此要順道說明一下，「馬賽克」源自於 Marimekko，這是一家芬蘭設計公司的名字，有著各種色塊的馬賽克圖看起來就和該公司的知名設計非常類似。現在就立刻來欣賞一張馬賽克圖吧！

上頁圖是法國保險市場的馬賽克圖。整個大矩形代表的是市場總規模，更進一步可以看到在三種切法下的數據。第一種是橫切，我們把這個特別的長方形橫切成五個區塊，每個區塊的寬度和該區塊的市場規模是成正比的。比方說從左往右看，產物保險約占法國整體保險市場的40%，汽車保險占30%，意外醫療險占10%等等。

第二種數據切法是縱切，譬如產物保險這個區塊分成兩個子區，其中商業產險子區塊占該區塊35%，個人產險子區塊則占65%左右。汽車產業保險區塊也是一樣的邏輯，我們可以看到它的第一個子區塊車隊險占15%，商務車保險占15%，以此類推。其他區塊所劃分的子區塊也是依循同樣邏輯。

第三種數據切法，是以顏色將同一類的東西挑出來，像法國保險市場的馬賽克圖就用深灰色來標示屬於個人保險的所有子區塊。

我們大概花了20秒的時間介紹這張圖。一旦你看懂馬賽克圖，就會發現不管你想要分析什麼，這種圖都可以提供非常全面的指引，無論是法國的保險市場還是其他面向。

人們把馬賽克圖應用在各種領域上，譬如用馬賽克圖顯示數據系

列，只要此系列內的數字符號不變即可。換句話說，所有數字要不都是正數（銷售、產品數量、人力數量等等），要不就都是負數（成本等等）。馬賽克圖唯一不能放的就是數字符號會更改的數據系列（譬如獲利）。假如你把各個業務單位的獲利做成馬賽克圖，那麼其中有些數據可能是負數，這樣就很難做適當的呈現。

人力資源是非市場分析也適用馬賽克圖的典型例子。我們用整個大矩形代表人力規模，接著可以將矩形按照部門、部門內的級別來劃分，也許再用不同顏色來標示增加的部分。另一個例子是用在公司總成本，你可以從馬賽克圖看到前所未見的成本結構呈現：整個矩形代表總成本，縱向和橫向分割把總成本劃分成兩種面向。

總而言之，馬賽克圖相當簡便，一個畫面就能呈現三種切面的數據，通常用於市場分析，不過由於其功能十分多元，又可以應用在很多不同的背景下。馬賽克圖畫面豐富，乍看之下也有點複雜，因此若碰到初次接觸的觀眾，務必引導他們查看這張圖的動線，以利快速領會這種新工具圖的好處。

驗證新商業構想的時候，務必建構三或四個你認為有用的馬賽克圖，才有利於你評估構想會碰到的挑戰並透過視覺畫面來呈現這些挑戰。

GPS圖表

GPS指的就是成長（Growth）、獲利（Profitability）和規模（Size），是商場成功的神聖三位一體。倘若企業有了成長，既賺錢且規模又很大，那麼人生真的太美妙了。但如果你是一家小公司，賺不到錢又沒成長的話，日子可就不好過了。

你在分析競爭對手的時候，會試著從中汲取靈感。你想知道在各種競爭者當中，哪一個是值得你學習的對象。GPS圖表的用處就是以實際數據來洞察各個競爭對手，讓你能夠超然於業界的傳聞和議論之外。

針對所有你要分析的競爭者，分別在橫軸標出他們的成長，在縱軸標出其獲利。第三軸以各種大小的圓形表示，用來指出競爭者的規模（即銷售額）。我們將這三軸設定為業界平均值，讓圖表在視覺上更具有震撼力。橫軸往上拉高到與業界平均獲利的縱軸交會；同樣地，縱軸也往右移動，與業界平均成長的橫軸交會。

接下來把業界競爭者定位在圖上即可，然後你可以從中抓出幾個洞見。第一個洞見很常見，你會發現其中一家最大的競爭對手就剛好落在中央位置。由於這些主宰市場的對手規模很大，進而影響到加權過的平均獲利和平均成長率，致使他們多半都不意外地落在圖表中央的位置。第二個洞見是，GPS圖表的每一個象限都指出了截然不同的

學會戰略性思考

競爭對手態勢。

　　以下是美國醫療界臨時人員招聘產業的GPS圖表，也就是指為醫院臨時招募醫生、護理師等等的公司。X公司是業界的小蝦米，他們已成功收集到11家競爭對手的數據資料，現在要考慮的是他們應該模仿哪一家對手或向哪一家公司汲取靈感。

　　位在左下角象限裡的是「逐漸衰退」的公司，即獲利和成長皆低於業界平均的公司。這類公司無論規模是大是小，低於產業平均的成

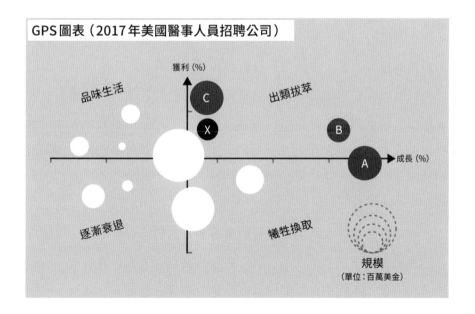

GPS圖表（2017年美國醫事人員招聘公司）

獲利（%）

品味生活　　　　　　　　　出類拔萃

C

X

B

成長（%）

A

逐漸衰退　　　　　　　　　犧牲換取

規模
（單位：百萬美金）

長和獲利表現都導致他們逐漸衰退。左上方象限是「品味生活」，位在此區的公司成長速度低於業界平均，但獲利卻相當不錯。這些公司若真要追求成長的話，可以犧牲高獲利，但他們不要這種犧牲，因此才有品味生活的形容。

右下角象限屬於「犧牲換取」型公司。這類公司成長的速度高出業界平均許多，但獲利較低，從中往往可以看到一個事實：他們利用折扣戰或其他機制來換取公司的成長。右上方是「出類拔萃」象限，此區公司的獲利和成長皆高於平均，不會犧牲任何一面。

X公司就是出類拔萃的公司，從圖表可以明顯看到，業界還有另外三家這樣的公司：A、B和C。C公司相當引人矚目，因為他們的獲利遠遠高過X公司。由此可見，假如X公司有興趣走品味生活路線的話，就可以觀察C公司如何做到高獲利表現並向他們借鏡。從另一方面來看，競爭對手A公司的成長十分驚人，雖然獲利較低。X公司最應該深入分析的是競爭對手B公司。B公司在規模和獲利方面與X公司差不多，但成長卻比X公司快速許多。進一步瞭解B公司的行動，想必能從中學到一些跟X公司切身相關的經驗。

總而言之，GPS圖表可以針對業界所有的競爭對手，用一張圖來指出他們在商業成功的三位一體（成長、獲利、規模）的表現。將業界平均值擺在圖表中央，就可以從四個象限深入瞭解業界狀況，找出

哪些是出類拔萃並且值得向其汲取靈感的競爭對手。

　　GPS圖表製作起來有可能相當繁瑣，尤其是許多競爭對手的獲利數據不是那麼容易取得的情況下（譬如私人企業、大集團旗下的分公司等等）。然而，這種圖表可以讓你避免過度糾結於與競爭者無關緊要的傳聞上，值得花心思去建構。若說馬賽克圖呈現的是商業戰場（即市場）的地圖，GPS圖表就是將戰場上各種敵人使出的招數做出便利的重點摘要。務必確認你要借鏡的對象是真正在客觀上很成功的競爭者，別因為剛好得知某家公司很多小道消息就被唬弄了（也許是從這家公司離職的員工加入你們團隊或他們的公關做得太成功等因素）。

　　驗證新商業構想的時候，一定要問自己這是不是所在業界的龍頭會做或不會做的事情，並且評估對獲利與成長的影響。

轉換瀑布圖

　　轉換瀑布圖是十分優美的顧客分析工具，有利於瞭解在哪些地方失去顧客的心，以及如何採取因應之道。這項工具假設顧客從邁出步伐，一路來到購買或使用產品服務（無論是快是慢）的過程中，有些顧客在中途就離開了。想一想顧客通常會經歷哪些環節，並將一開始的顧客數在最後關頭嚴重下滑的各種可能性記錄下來，找出顧客流失

的環節，並尋求補救之道。或者對照轉換過程中同一個下滑處來評估你的新構想。

我們以日本服飾零售商Uniqlo為例，右頁圖片是該公司的轉換瀑布圖。假設這家公司正面臨一個抉擇，不知是否該改變他們在馬來西亞和菲律賓市場的做法。這兩個市場的Uniqlo門市消費的人口比例（線上和實體門市）都低得令人失望，大概只有12%。Uniqlo該怎麼做？他們後來想出了大型廣告活動和「買二送一」的門市促銷這兩個構想。理論上來看，兩個構想都挺有意思且頗為合理，但需要經過數據測試。〔任何服飾零售商碰到顧客觀感與鄰近市場有差異的地方，都會有類似問題，譬如馬莎百貨（Marks & Spencer）在法國和西班牙的分店，或者是Gap在加拿大和墨西哥的門市等等。〕

我們先在橫軸寫上六個步驟，這些步驟會依序回答以下問題：

> **察覺**：消費者知道我們的品牌嗎？
> **認知**：他們知道我們是做什麼的嗎？
> **喜歡**：我們是他們最愛的供應商之一嗎？
> **偏愛**：他們比較喜歡我們嗎？
> **來店**：他們經常光臨門市嗎？
> **購買**：他們會購買商品嗎？

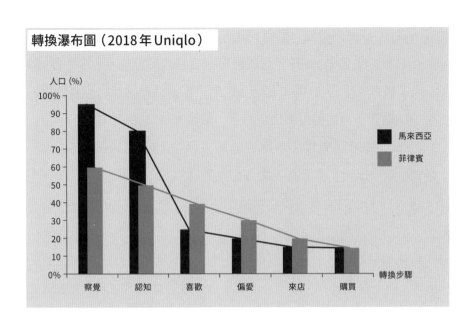

轉換瀑布圖（2018年 Uniqlo）

人口（%）

圖例：
■ 馬來西亞
■ 菲律賓

轉換步驟：察覺、認知、喜歡、偏愛、來店、購買

從各個條件下的人口百分比可以看到兩種截然不同的形狀。就馬來西亞來說，「察覺」和「認知」的比例非常高，接著到了「喜歡」便下跌，不過喜歡 Uniqlo 的人最後基本上都轉換到「購買」。反觀菲律賓，一開始的「察覺」不高，但是之後涓滴成流，最終來到了相同的「購買」水準。把初始研究（線上問卷調查、面對面訪談、焦點團體等等）所得來的實際數據標在轉換瀑布圖表中，就能診斷問題，進而歸納出不同的解決方案，包括對兩種列入考量的構想做出不同評估。

Uniqlo 也許會決定在菲律賓直接進行廣告宣傳活動，此舉應可

提高「察覺」。他們希望「察覺」提高之後能向下滲透，一路經過「認知」、「喜歡」、「偏愛」等等，最後匯聚成更高的銷售量，沿途不會「漏損」太多顧客。另外，「買二送一」的門市促銷活動應該也有利於將喜歡轉換成偏愛，再從偏愛轉換成來店，最後來店又轉換成購買。

然而，這兩種構想都不適用於馬來西亞。Uniqlo 在馬來西亞的「察覺」和「認知」都很高，廣告因此顯得多餘。同樣地，已經有一部分喜歡 Uniqlo 的消費者成功轉換到購買步驟，假如此時提供「買二送一」的門市促銷活動，恐怕會讓出不少獲利空間，無法增加多少收益。根據這些數據，公司必須重新思考原本的構想。這恰恰闡述了從「清晰」向下深潛後到「確定」之間會有一段時間離「完成」更遙遠的歷程。你以為自己的構想會變成解方，但數據卻顯示你最好再三思。不過麻煩不大，因為你為了建構瀑布圖而收集的數據將有利於產生新構想，而新構想勢必又更禁得起瀑布圖的測試，因為這些構想正是針對瀑布圖的洞見所發想的！

總而言之，轉換瀑布圖是一種絕佳的診斷方法，能夠分析轉換過程中的哪個環節流失了顧客，讓你對個中緣由有更深入的瞭解，進而激發你的靈感，找出方法提升你的時運。換句話說，從「環節」可以看到「緣由」，而緣由又能促成「方法」。

驗證新商業構想的時候，一定要建構轉換瀑布圖確認該構想如

學會戰略性思考

何修正目前業務所碰到的既有「漏洞」，或者找出它其實完全無效的證據。

系列獲利能力分析

一般的「公司分析」多著重在找出公司實際的獲利之處，而系列獲利能力分析這種出色的工具卻可以讓你用更細微的角度去瞭解業務實際的獲利狀況（按照產品、顧客等類別），即便這些資訊一時之間無法取得。

接下來我們就用「XLP」來表示某系列獲利能力分析，其中X代表你要分析的類別，LP指的是系列獲利能力分析。由此可知，你可以有PLP（產品系列獲利能力分析）、CLP（顧客系列獲利能力分析）、SLP（供應商系列獲利能力分析）等等。XLP可以找出公司在X方面（即按照產品、顧客、供應商等類別）的獲利能力，進而做出更明智的決策。有不少公司現在依然根據毛利率來控管資源的配置及做決策，但你應該用更細微的角度來做這些事情才對。

以下是我數年前為玩具反斗城連鎖店（Toys R Us）進行產品系列獲利能力分析專案時，所做出的主要圖表。假設圖中的資訊就是三種產品（芭比娃娃、大型熊貓玩偶和電池）的實際數據，這三種產品的銷售額和成長率大致相同。

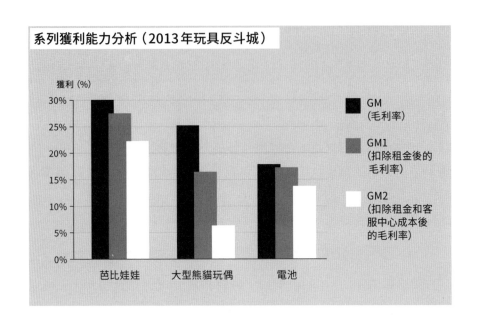

系列獲利能力分析（2013年玩具反斗城）

從上圖可以清楚看到，芭比娃娃和熊貓的毛利率（GM）比較高。假如這就是唯一可取得的獲利資訊，那麼你大概會做出努力銷售更多芭比娃娃和熊貓的結論。然而，各位也明白，做出明智決策的關鍵就在於用更細微的角度去分析毛利率之下的新層次，我們稱之為「毛利率一」（GM1）和「毛利率二」（GM2）。像玩具反斗城這樣的零售環境，可能沒辦法馬上取得這些新獲利資訊，必須先計算過。那麼該怎麼做才好呢？我們可以檢視手上剩餘的固定成本，設法將這些成本聰

學會戰略性思考

明地分攤到每個產品類別上。

　　沒算到的最大固定成本通常是門市成本，也就是租金或折舊。之所以會有這些占成本大宗的項目，是因為玩具全都放置在門市裡，所以檢查每樣產品耗用多少租金也是應該的事情。牽動租金的因素為何？答案是使用面積，有鑑於此，我們就根據這類產品占用門市樓地板的使用面積，讓每一件產品共同分攤租金。把每一件產品占用的樓板面積測量出來之後，你就會發現類似圖表中的GM1這樣的結果。

　　電池占用的實體空間很小，需要分攤的租金自然也非常少，因此GM和GM1的差距很小。芭比娃娃占的空間稍微多一點，分攤的租金比例也比較高。大型熊貓玩偶因為占的空間大得多，故而需要分攤最多租金，扣除租金後的毛利（GM1）也因此比其他類產品低得多。

　　不管做何種XLP，接下來要分析的是第二大固定成本，繼續找出成本實際使用的狀況。以玩具反斗城的範例來講，我們假設第二大固定成本是客服中心。客服中心專門處理顧客對產品的各種要求或申訴，這些其實都是固定成本。不過應該安排5位、10位還是20位人員在線處理顧客來電，取決於顧客的要求或申訴有多少，而這個數量本身又取決於公司所銷售的產品組合。因此，我們只要找出哪些產品會觸發顧客來電，再把相應的成本分攤回每一樣產品上即可。

　　我們詢問客服中心人員每類產品耗用他們工時的比例，結果發現

芭比娃娃和電池的相關要求占了一部分來電，但大型熊貓玩偶才是顧客問題的最大宗。（比方說「這種玩偶要怎麼洗啊？」、「我家小孩把一撮玩偶毛吃進肚子裡了」之類的問題。）因此，我們按照各類產品耗用客服中心通話的數量與時間長度的比例，將客服中心的成本攤算到每一類產品上。檢查圖表中的 GM2 數據可以清楚看到，熊貓的獲利顯然比初看時少了許多。當然，熊貓的毛利率是不錯，但接著卻在無形之中吃掉公司太多的其他成本（租金、客服中心等等）。由此可見，如果不換成別種產品組合的話（多賣一些電池、以較小型的絨毛玩偶產品代替等等），最好為大型熊貓玩偶尋求其他策略（設法減少占用的展示空間、推出小型版熊貓、附加清洗說明等等）。

簡而言之，XLP 是一種流程。先挑一些產品（或顧客、供應商等等），觀察它們的毛利率，找出其他沒有分攤到的成本，再根據該類別實際所耗用的成本量，將成本按比例分攤到各個類別。你必須決定分攤的依據（比方說按照使用面積租金、客服中心通話分鐘數等等），然後大概試個幾次就會做得更好。XLP 的分析結果將有助於你做出更適當、更巧妙的商業決策。

驗證新商業構想的時候，務必透過多種角度來做系列獲利能力分析並仔細思考。也許你不想對每一個構想進行完整的全套分析，但是找出「消耗成本的隱形因子」讓你更能夠掌握到它可能會造成的真正

衝擊。

有了以上四種視覺化工具，你就可以鑑定你在雲霄飛車的「上升」階段所產生的各種選項。在這四種工具當中，有的十分重視數據（GPS、XLP），有的對數據要求不多（馬賽克圖、轉換瀑布圖）。假如你有時間和預算的話，都值得用實際的數據來操作這些工具。要是沒辦法這樣做也無妨，只要好好思考這些工具的邏輯背景就足以給你新的洞見，幫助你用不一樣的做法來評估初始構想。

環境分析範例

接下來要用一個較長的範例來說明。此範例中需要的關鍵數據很明確，和以上介紹的四種工具不同。假設現在有一家零售連鎖店，全英國各地都有分店，他們正在設法將分店人事成本減少10%到15%，而透過「上升」步驟他們已經找出10到20個有助於達成此目標的構想。這些構想包括減薪、減少加班、解僱店長、跟員工改簽為零工時契約、增加自助收銀機、重新調整門市經營模式、激勵全職員工、培訓兼職員工等等。這家連鎖店有400家分店，各分店平均配置了10位

員工和一位公司指派的店長。

　　我們花一點時間仔細檢驗「解僱分店店長」這個構想。如果要驗證這個構想的可行性，需要哪五個關鍵數據點呢？

　　再進一步深入探索之前，建議各位準備好紙筆先自己做做看。請再讀一次前兩段的內容，利用有限的背景數據，花幾分鐘時間找出你想要處理的關鍵數據點，然後再繼續往下做。

　　第一個用來驗證解僱分店店長構想是否可行的關鍵數據點，就是店長的僱用成本占分店整體人事成本的比例。假如所有店長的人事費用所占比例不到分店人事總成本的10%，那麼解僱全部的店長也對公司亟欲實現的節省成本目標無濟於事。取得店長僱用成本的資訊對任何零售連鎖店來說都是易如反掌的事情，在這個案例中，財務部門用不到一天時間就通知我們店長占分店總人事成本的23.6%。

　　第二個驗證構想的關鍵數據點，則是鄰近分店之間的距離是否近到足以由一位店長來管理兩家分店。沒錯，在目前一家分店配置一位店長的實務做法之下，我們把某家分店唯一的店長解僱的同時，就表示人事的配置模式會合理變成以下兩種方向之一：每一家分店都沒有店長或一位店長管理兩家分店。

　　以第一種情境來看，倘若作為第一家沒有店長的某分店能生存下

去的話，為什麼其他分店一定要有店長才能生存？在這種情況下，各家分店沒有店長的比例會變成百分之百。另一個合理情境則是，一旦某家分店店長被解僱之後，那麼這家分店的管理責任就會落在離該分店最近的另一家分店店長的身上。假如一人管兩家的途徑管用的話，那麼同樣模式也一定適用於另外兩家分店，如此一來店長人數理論上可以減少一半。就實際狀況來講，勢必會有一些分店和離它最近的其他分店之間距離十分遙遠，譬如蘇格蘭小島或威爾斯山區，因此店長人數的比例大概無法減至50%。店長無法有效縮減一半會對此措施能否成功節省成本產生什麼關鍵影響呢？幸好零售連鎖店一定都知道自家分店的確切位置，所以此案例中的產權部門也告知我們，他們有360家分店（即全數400家分店的九成之多）在其方圓30分鐘車程區域內有另外一家分店。

　　這個數據表示，這家連鎖店位在偏遠地帶的40家分店的店長可全數留任，接著要做的就是解僱45%的店長，然後由剩下的45%的店長負責管理兩家分店。此案例中節省的成本總計為分店總人事成本的10.6%（＝23.6%×45%），這正是該構想能保留下來所需的數字（即必須節省分店總人事成本的10%以上）。當然，如果以解僱所有分店店長的情境而言，理論上是可以節省23.6%的成本，但風險會飆高，所以這個構想暫緩考慮。

第三個關鍵數據點是分店店長本身的觀點，畢竟店長是直接負責實行新做法的人，他們對此事的理解所產生的相關數據自然非常重要。收集分店店長的意見時可從四大層面著手：應該和多少店長訪談、挑誰來訪談、向他們提出多少問題，要問哪些問題？

　　對此，兩派的思想與實務做法又相互矛盾了。「大數據」派主張應該盡量問很多人、盡量問很多問題。「精準數據」派卻認為問題愈少愈好，問的對象也愈少愈好，但愈快問愈好。我舉雙手贊同後者這一派：只要盡快給我一點數據即可，很慢才能得到的大量數據就不必了，因為我希望立刻就著手測試，假如有需要的話，之後一定有機會找尋更多數據。

　　以這裡的案例來說，我們可以等24小時後再回過頭來找管理團隊討論。我們認為在驗證構想可行性的最初階段，只要徵詢10位分店店長的意見就足以激發一些洞見。店長的工作很忙，有些人沒辦法在一天之內回覆，所以我們需要規劃20場訪談。

　　該問店長哪些問題呢？「大數據」派的典型答案一定是「各種可以取得任何數據的問題」；我偏好的「精準數據」派則建議分階段來修正問題，然後就只問最終版的問題。雖然只問一個問題，但一定要把它問得至關緊要。我們第一個版本的問題是：「你想經營兩家店嗎？」但是這樣的提問恐怕會引導受訪店長因個人對職涯發展的積極性，而

陷入「想要」和「必須要」這種變調的篩選方向，所以我們把句子修改成：「你可以經營兩家店嗎？」這個版本把職涯的篩選條件移除了，但又招致另一種篩選條件，那便是自我意識。有些受訪者嘴巴上說他們可以經營兩家店，但實際上他們沒有能力；有些其實有能力經營兩家店的人卻回答他們沒辦法。為了去除這種認知上的偏見，第三個版本的問題加入更多客觀性：「請問一個人需要什麼條件才能經營兩家店？」這個問題的措辭有效去除野心與自我意識的篩選條件，但比較不利的一點大概是受訪者的回答可能會長篇大論。我們為了讓答案更簡潔又能完整表達重點而修改成這個最後版本：「什麼原因會阻止你管理兩家店？」

　　把最初版本的問題雕琢成最關鍵的好問題需要一點時間。以我們的範例來說，若是把上述四個版本的問題記錄在一張表單中，各位不妨想像一下表單上列出的答案會是什麼模樣。這樣一來你就可以看得更清楚，設計更精準的問題是值得花時間去做的事情。從10位分店店長對最終版提問的回答所彙整成的見解，必定能讓資深管理團隊放下心來，相信這個構想的有效性。假如彙整出來的意見能得到管理團隊的認可，而且又能超越目標經濟效益，那麼該構想仍然值得進一步測試和驗證。

　　最後還有一個要解決的問題：我們要挑誰來訪談？顯而易見的

是，我們要找的對象應該是最有預測未來眼光的店長。我們不需要向偏遠分店的店長徵詢意見，也不必去問即將被裁員的店長（這類店長的名字通常都列在分店業績報表的下半段），而是應當針對那45%最後會留任並獲派經營兩家分店的店長，從中挑一些人來訪談。在這45%的店長當中，我們就專門挑選認為經營兩家店非常困難的人來詢問他們的意見，這些多半都是表現高於平均，但還不算明日之星的店長。

花一些時間找出我們偏好的受訪者特性，可以產生事半功倍的好處：有了明確的方向，人資部很快就能提供20位分店店長的具體名單讓我們聯繫，最後訪談的結果也會更容易說服管理團隊。因為我們不訪談那些認為經營兩家分店並不困難的店長，可見我們為訪談樣本設定了最糟的情境，比隨機挑選店長——即人數眾多、針對性更少的樣本——更具說服力。「精準數據」的效果絕對勝過「大數據」。

第四個可以快速說服利害關係者我們的構想勢必有效的關鍵數據點，就是與此構想切身有關的競爭者消息。我們不需要做全套評估，比方說找來數十家競爭者的資訊，只要找到一或兩家充分相關的公司，而且這些公司已經在用類似於我們新構想的模式運作，便足以減輕管理團隊的疑慮。

該如何取得這個數據？「精準數據」派有一個巨大資源：當然就

學會戰略性思考

是 Google 了。直接在搜尋框中輸入你想找的東西（以這個案例來說就是「一位店長管理兩家分店」），然後祈禱出現的結果頁面會如你所願即可！

分店案例的第五個關鍵數據點在於一位店長改為管理兩家分店的做法，會對顧客滿意度、員工敬業度等等會產生何種程度的影響。另外更廣泛地來說，對分店業績又會影響到什麼程度。要是解僱45%的店長後，產生非計畫中但又有可能出現的結果，也就是導致分店數個月後在市場的表現變糟，那麼現在用這種做法來節省成本其實是沒意義的。在這種情況下，第五個數據點會發揮驚人效用，但這個數據必須等到這家連鎖店實際採取行動來測試之後，才會變得比較明朗。就像前文提到的，說服力十足的解決方案往往會缺少一個關鍵數據點，這便是經典的寫照。

在此重述一遍，有助於驗證解僱分店經理是否可減少分店人事成本 10% 到 15% 的五個關鍵數據為以下幾點：

> **A**：店長的實際僱用成本占分店人事總成本的百分比
> **B**：分店離另一家分店不遠的百分比（比方說位在 30 分鐘車程內）
> **C**：已有競爭對手實施「一位店長管理兩家分店」的模式

> › **D**：以當事者店長對此措施的看法為樣本
> › **E**：此措施在數個月後對分店所產生的影響

　　我們將五個數據點定位在環境分析的四個象限，可以清楚看到供應端都涵蓋到了，但需求端的部分略顯單薄。

　　單薄的部分可以透過兩種方式來補救：訪談顧客或直接對顧客測試構想。換句話說，就是要設法找出顧客會對這個構想說些什麼，或找出他們究竟會對此構想採取什麼行動。以上述案例來講，就像許多商業案例一樣，「坐而言不如起而行」，下一章〈精實創業〉就會告訴

環境分析四象限

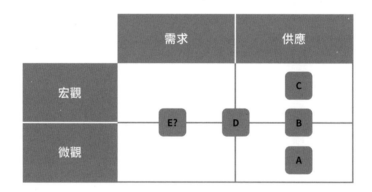

學會戰略性思考

各位，該是進行小規模構想測試的時候了。

於此同時，我們試著來整頓紐西蘭星巴克吧！

環境分析練習活動：如何整頓紐西蘭星巴克？

「環境分析」的每一個實例都自成一個獨特的小世界。有些是構想產生前數據就已經存在；有些則是有了構想但需要加以驗證。不過一般來說，兩種途徑混和運用最為普遍。

假設你是星巴克西雅圖總部的內部顧問，上頭指示你改善紐西蘭10家星巴克門市的績效表現。這些門市位在紐西蘭最大的城市奧克蘭的不同辦公區內，供應當地勞工包含早餐和午餐的飲食，其主要產品組合有咖啡、三明治、蛋糕、冷飲和其他品項。這個範例同樣可以拿來應用在卡達首都杜哈的10間Costa Coffee門市，或波蘭華沙的10間Caffe Nero門市。此專案的中心課題很簡單：「我們該如何改善當前10間門市的獲利表現？」

團隊已經整理出以下數個可能的構想：

（a）刪除蛋糕這個品項

（b）提供外燴三明治

（c）購買咖啡可享有蛋糕折扣

（d）訓練服務生加快製作咖啡的速度

（e）關閉四號和九號門市

　　團隊較資淺的同事已經著手收集資料，其中包括快速訪談紐西蘭星巴克總經理、取得每週損益表、各項產品於門市的週銷售量和各項產品每週剩餘的食材量。

　　各位可以到www.strategic.how/landscape下載Excel檔案，檔案裡面包含了這些數據，同時我們也邀請你將以下兩個「環境分析」練習活動的解方跟大家分享：

› **環境分析練習活動#1：**
　　在分析既有數據之後，你對目前為止所列出的上述五個構想（a、b、c、d、e）有何初步看法（贊成或不贊成？）

› **環境分析練習活動#2：**
　　四號和九號門市的業績表現不佳，原因在於準備太多三明治，還是他們整體表現就是糟糕（請提供具體的分析來佐證你的答案）？

用兩張馬賽克圖（依門市分類的產品表現以及依產品分類的門市

學會戰略性思考

表現）和兩張系列獲利能力分析圖（依產品分類和依門市分類）的投影片，就能讓你更容易回答這些問題。

完成產品系列獲利能力分析之後，再做門市系列獲利能力分析最有效，這兩種XLP都應該用GM1表示扣除用剩食材後的毛利率、GM2表示扣除用剩食材與人力後的毛利率。

環境分析練習活動#1和#2：總經理訪談
. . . . . .

「我認為所有門市都發揮了最大的銷售潛力，但有些門市在成本控制上過於鬆懈。以人力成本來說，門市運作效率高的時候，銷售咖啡和三明治的人力應該比其他產品類別多一倍。我覺得四號門市可以做到每週用剩食材控制在紐西蘭幣500元左右且不損及銷售額，而九號門市則可以做到每週剩食大概在紐西蘭幣300元左右。在我看來，這兩家門市可以用不到33%的人力水準，繳出比其他門市更高的銷售額比例。」

週損益表（以紐西蘭幣計）

銷售量		63,000
銷售成本		29,690
咖啡	13,760	
三明治	9,150	
蛋糕	3,055	
冷飲	2,535	
其他品項	1,190	
		GM
用剩食材		5,380
		GM1
門市成本		20,100
人力成本	12,000	
租金	3,100	GM2
稅	1,000	
暖氣和用電	1,000	
電話	500	
修繕與設備更新	500	
清潔物資	350	
列印與文具	250	
銀行手續費	200	
保險	200	
雜費	1,000	
總部成本		4,000
獲利		3,830

週銷售量（依產品分類）

金額／週	咖啡	三明治	蛋糕	冷飲	其他品項總計	TOTAL
門市 1	5,700	3,700	1,200	1,200	200	12,000
門市 2	6,500	2,000	500	500	500	10,000
門市 3	5,500	1,500	600	300	100	8,000
門市 4	1,500	3,500	500	400	100	6,000
門市 5	3,000	2,000	400	300	300	6,000
門市 6	2,700	1,500	500	150	150	5,000
門市 7	3,800	600	100	400	100	5,000
門市 8	3,300	1,000	300	300	100	5,000
門市 9	500	2,000	300	150	50	3,000
門市 10	1,900	500	300	200	100	3,000
TOTAL	34,400	18,300	4,700	3,900	1,700	63,000

週用剩食材量（依產品分類）

金額／週	咖啡	三明治	蛋糕	冷飲	其他品項總計	TOTAL
門市 1	171	481	228	12	21	913
門市 2	195	240	105	5	65	610
門市 3	165	195	126	3	9	498
門市 4	60	1,050	150	4	12	1,276
門市 5	90	240	88	–	30	448
門市 6	81	195	105	3	5	389
門市 7	114	72	17	–	2	205
門市 8	66	120	63	3	3	255
門市 9	20	560	60	–	1	641
門市 10	38	47	58	–	3	146
TOTAL	1,000	3,200	1,000	30	150	5,380

第 7 章
精實創業

用行動精實創業

到目前為止已經介紹了兩種快速淘汰選項的做法，也就是利用文字（報償分析矩陣）或數字（環境分析）。第三種快速淘汰選項的做法是付諸行動，特別是採取快速、便宜又情報充分的行動，或者稱之為實驗、測試或原型等等皆可。有時候一個簡單的動作就能勝過千言萬語或大量數字，助你檢驗某個選項是否可行。

這些年來就企業可以採行的各種措施來講，眾所周知 IT 相關專案在成功率上表現得十分糟糕，即便沒有一敗塗地，也多半要花很長的時間才見效且經常超支。1990 年代加州有一派新興思維，試圖補救此低迷的成功率，最後促成了「精實」做法，也有人稱之為「敏捷」途徑。

不管是「精實」還是「敏捷」，這種途徑假定組織就是由一系列的

測試組合而成，而它的未來發展就掌握在顧客手裡。有鑑於此，任何一家新創公司或新投資案最有利的策略，就是從顧客與新開發事物之間頻繁的互動中，找出最理想的成功路徑。

精實思維派的大師有史蒂夫・布蘭克（Steve Blank）和艾瑞克・萊斯（Eric Ries）。我要向各位強力推薦艾瑞克・萊斯的著作《精實創業》（*The Lean Startup: How Constant Innovation Creates Radically Successful Businesses*）和史蒂夫・布蘭克為《哈佛商業評論》所寫的文章〈精實創業改變全世界〉（Why the Lean Startup Changes Everything）。

根據這兩位大師的理論，最能確保長久成功的重要途徑就是盡早、盡快做實驗。在快速驗證構想可行性這方面做得最好又最快，並且據此修正路線的公司，就能嚐到成功的甜美果實。各位應該聽過「快速失敗、經常失敗、在失敗中前進」的口號，這句話講白一點就是盡快用實際行動做測試，盡可能測試多一點構想，並且從測試失敗中學習。

大部分的企業對於用實際行動來測試構想往往猶豫不決，主要原因有兩個。首先，企業等太久才去測試構想，以致於無法盡快失敗。第二，他們沒有設計小規模的實驗，也就難以承擔得起經常失敗。

艾瑞克・萊斯和精實派邀請大家改變測試商業構想的途徑，可避

免這些問題。他們建議大家以累進且反覆進行的短暫產品開發週期來作業，別用線性做法執行預先確定好的工作計畫。換句話說，我們應該用更富有彈性的「測試、學習、推出」模式，取代「計畫、決定、上市」三足鼎立的舊有做法，在測試和學習之間形成一個回饋迴路，來回反覆數次。

「精實創業」的回饋迴路以構想作為開端。你針對每一個構想快速建立簡易版的產品，衡量顧客的行動，再從產生的數據中學習，以此來改良構想。這個過程一再重複，形成一個回饋迴路。

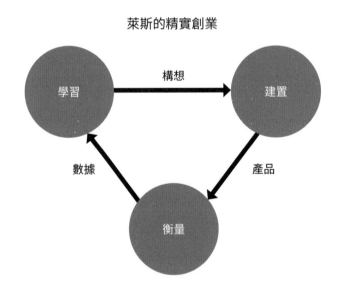

萊斯的精實創業

精實創業回饋迴路（或稱「建置—衡量—學習」迴路）強調速度為驗證選項有效性的關鍵元素。團隊或公司的成效取決於是否有能力在回饋迴路中快速循環數次，而某個構想的可行性，則端視它能否在數次的循環反覆中存留下來。在設計迴路的時候，應考慮到五個重要層面。

最小可行性產品

最小可行性產品（Minimum Viable Product，以下簡稱MVP）是指這種新產品可以讓團隊花最少的努力，收集到最大量從驗證過程中學習而來的顧客數據資料。MVP的目標在於測試新構想所包含的基礎假說，並盡快啟動學習程序。

舉例來說，開一家新餐廳就至少包含了四個假說：會有一定數量的顧客喜歡這家餐廳的菜色、主廚會定期供應一定規模及相同品質的菜色、會有人潮來到餐廳所在地段，以及這項投資一定會賺錢。這四個假說（吸引力、產品、地點、經濟效益）最好分別用不同的MVP以循序漸進的方式來測試，別一次全部投入測試。

第一個MVP應該盡量簡單，比方說在家為幾個好友做菜，藉此測試預定推出的菜色是否有吸引力。測試結果若是很成功，第二個MVP不妨推出「餐車」。餐車可進一步測試吸引力，驗證確實有製作

高品質菜色的能力。第三個MVP則用快閃式的固定店面形式，再更加深入地測試吸引力與生產能力，同時也一併測試地點與經濟效益。

可實行的指標

可實行的指標是指可以促成明智的商務決策以及後續行動的指標。相比之下，「虛榮指標」指的是不能精確反映某項業務關鍵驅動要素的指標。

舉例來說，頁面點閱率對《衛報》（*The Guardian*）而言就是可實行的指標（因為該報的商業模式依然仰仗廣告收入），但是對《彭博商業周刊》（*Bloomberg Businessweek*）卻是虛榮指標（因為該媒體完全以訂閱制作為其商業模式）。執行精實創業的測試途徑時，務必先找出你試圖優化的指標和成功的可能樣貌。

A/B 分組測試

A/B 分組測試是指同時提供不同版本的產品、服務或體驗給兩組不一樣的顧客群，以此做實驗。這種實驗的目標在於觀察兩組顧客在行為上的變化，並根據可實行指標來衡量各個版本所造成的影響。

舉例來說，許多影音串流公司（譬如Netflix、亞馬遜Prime Video、Disney+ 等等）正是透過 A/B 分組測試，對不同用戶提供不同的內容推

薦，來持續改良他們向用戶展示內容的方式。觀眾對新影集的點擊次數，或者是觀眾後續會收看的影集集數，都是可實行的指標。進行一系列的A/B分組測試有助於找出最能有效提升可實行指標的內容推薦途徑。

請特別留意，在未進入精實模式之前，對於該採取何種內容推薦途徑的決策，資深編輯和內容推薦人員之間可能已經吵得不可開交，這是因為個人經驗、個人喜好和政治影響力會促使大家捍衛自己的選擇。這未必是保證能找出理想方案的最佳做法。

持續部署

與業務切身有關的程序應立即部署到生產環境。以數位業務來說，一天可部署程式碼多達50次。

就上述範例而言，串流和隨選影片網站通常每天都會部署新方案。實體業務的推出頻率多半較慢，不過許多零售商仍然按週或按月將新測試的成功實務做法拓展到各門市分店。

軸轉

軸轉指的是結構化的路線修正，專門用來測試與新產品、戰略和成長引擎有關的新基礎假說。不管做什麼實驗，通常都會一次測試

數個假說，實驗之所以失敗或許只是其中一個假說失敗的緣故。倘若其他假說的測試結果是正面的，那麼說不定光靠這些具正面回饋的假說，依然有值得實現與捕捉的價值？

舉例來說，團購平台Groupon是從公益活動實體起家的。這個平台嘗試並測試了兩個假說：（1）平台可在短時間內以一個共同目標為號召，從現實世界中集結龐大的群體；（2）以此方式集結的個人會對他們共同選擇的目標產生快速的社會影響力。結果證明，第二個假說是錯的，但第一個假說通過測試，所以Groupon還是從中獲得好處，最後轉而成為今天大家所熟知的團購網站。

總結

公司為了快速測試新構想的有效性，需要先建置「最小可行性產品」，找出可實行的指標，以實際顧客來衡量成果，接著再從實驗中學習。換句話說，以行動測試構想的「精實創業」途徑其實就是一種反覆學習的過程。這個過程將構想轉化為具體產品，再去衡量顧客對這些產品的反應與行為，然後決定是否保留或扭轉構想，而這樣的過程會視需求重複進行多次。

用精實途徑進行測試

以「精實」或「敏捷」途徑來快速測試構想可發揮極為強大的效果。該途徑最著名的體現便是「精實創業」，這種模式原本是從幫助小型數位創投在萬頭鑽動又定義不明的領域中找到定位而開始的。如今，「精實」途徑所包含的原則已逐漸擴散到商業界的各個角落。

大型數位公司（Google、亞馬遜、Facebook等等）都踏上了「精實」這條路徑。他們不斷地試行新服務項目，而試行地點通常位在比較偏遠的國家。新服務若是可行，接下來的步驟便是「推出」到全公司。「推出」之於精實途徑就等於「大規模上市」之於線性工作計畫，所以由此很容易可以看出來，精實途徑的實踐者為何也被形容為「敏捷」。

精實創業的適用性

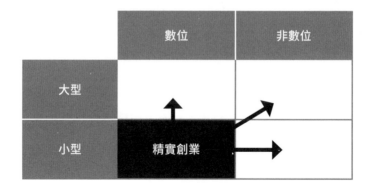

「測試、學習、推出」的節奏，顯然比「計畫、決策、上市」路線更富有彈性。

　　小型非數位公司也加入精實創業途徑的行列。譬如前文提過的餐廳例子，現在已經不會有腦袋正常的人直接就開一家新餐廳。有志於開餐廳的業主在真正投資金錢之前，都會經歷三或四次MVP回饋迴路並衡量結果。典型的循序漸進式MVP應該是先為朋友下廚，再提供外賣服務，然後租餐車，洽談設置快閃餐廳，最終才是開一間萬事俱備的餐廳。等前一個測試的結果得到正面回饋後，才繼續進行下一個MVP。

　　很多大型的非數位公司最後也轉移陣地到「精實」途徑。大家或許用「敏捷」、「短期衝刺」、「敏捷開發」、「精實」等等講法，不過這麼多名稱都有一個共同的原則：若是某些重要元素沒有通過顧客的認證，就不能大規模上市。這也意味著，必須請真正的顧客來進行，方可驗證新構想的關鍵基礎假說。奇異公司（General Electric）和艾瑞克・萊斯攜手合作，先針對奇異的大型專案做詳細檢驗，接著以MVP、實驗和回饋迴路，對各個專案運用「精實」途徑，把它們做成功。

　　我多年來和大型數位及非數位客戶合作，想再補充以我自身經驗來說十分重要的三項原則，雖然一般講到精實途徑時鮮少會提及它們，不過這些是我個人在既有公司組織應用精實途徑時會額外用到的三個原則。

先以紙本反覆測試關鍵假說

做測試是很容易，但關乎到測試成敗的關鍵假說（也就是指失敗的話整個構想便會隨之無疾而終的假說）是什麼？設計MVP的時候應集中心力以關鍵假說為準，犧牲其他「可有可無」的數據也無妨。

說到底，人類和既有組織沒辦法承擔太多失敗，因為每次失敗都會造成損失。有時候組織把精實途徑的「測試與學習」轉化成「做測試學習」，我對此做法十分反彈。大家最常從失敗的測試中學到的經驗之一就是，討厭那種最後竟然證明是錯的感受！失敗有如強效藥，無法把你擊倒的東西其實會讓你變得更強，但誰願意每天吃藥過生活？測試應當偶而為之，當結果未可知，且每一次結果出現的差異又別具意義的時候，才是做測試的時機。

否則的話，就只是在票選罷了，而測試和票選之間是有巨大差別的。所謂的票選是指，不知道公司商標應該搭配哪種藍色陰影，因此把五種藍色陰影展示給1萬個人觀看，再決定哪一種最受歡迎。測試則是已經有一個假說指出較深的藍色陰影看起來比較端正與可靠，這種配色的效果會刺激更多買氣（舉例來說），所以拿另一種較淡的藍色陰影做對照，藉此驗證深色版的藍色陰影。

MVP可透過借用、交換和討要來取得，別直接購置或製造

用來做測試的MVP在測試過後就不再具有任何價值。一種情況是測試失敗，構想隨風而逝（包括測試用的MVP在內）；另一種則是測試成功，而接下來必須用更新版的MVP做進一步測試。無論碰到的是哪一種情境，構成草創版MVP的各種元素，最後的命運大概就是變成一堆廢棄物。

這就是別直接購買或製造MVP，而應該以「借用」、「交換」或「討要」的方式來取得的原因。舉例來說，我們可以向第三方（譬如供應商、經銷商、朋友等等）請求支援，花最少的時間和金錢尋求一些外界資源，說不定可以用內部資源來交換？只有在非常不得已的情況下才花錢。

另一個不直接購買或製造MVP的附加準則就是變動成本勝過固定成本。商場上有一個務必尋求更低單位成本的主要原則，通常只要設法讓成本比較固定，別有太多變動，就可以做到這一點。我們在進行精實實驗期間，要設法達成的目標正好與此相反，因為變動的成本愈多的話，我們就愈只需要為取得數據多花一點錢。

採用隱蔽性和合理否認的做法

大部分的測試都會失敗，所以要確保失敗不至於對我們的品牌或

聲譽產生負面影響。有鑑於此,第一波的測試規模應當要小,若失敗的話,除了因為看到滿腹的期待化為烏有而傷感之外,最好不要讓他產生任何負面影響。

初生之犢的新創公司往往認為負面宣傳總比沒有好,但已有名望的公司負擔不起這種奢侈。負面宣傳是一定要竭盡所能避開的,而多數人當然也不願意因為某個成不了事的構想或投資而永遠被貼上標籤。

有兩種最典型的做法可以建置具隱蔽性以及可以合理否認的MVP,第一是在偏遠地點進行測試,第二則是把另一家曝光風險大不相同的公司拉進來。在非家鄉市場的某國人口較少之處推出你的MVP,可以確保你將可能發生的任何災難控制在最小的範圍。同樣地,你也該問自己「如果發生最糟的情況,哪家公司絕對無法置之不理?」這種方式可以有效找出適合和你一起做測試的合作對象。

最後要提醒各位的是,精實／敏捷途徑並非萬靈丹,一開始的狀況決定了精實技巧的成敗,就像「戰略思考的雲霄飛車」的所有「下降」技巧一樣。也就是說,你最初的構想如果太糟,那麼無論為這些構想做了多少精實測試,最後也不過就是從一堆爛蘋果裡挑比較不爛的罷了。「精實創業」測試失敗後,應盡可能重新多做幾遍「上升」的構想產出作業,這是保證結果會成功的最佳做法。

精實測試範例

〈快樂線〉一章的鐵路公司範例探討了鐵路營運公司改善顧客滿意度的可能做法，譬如英國的阿凡提、美國國鐵、澳洲新南威爾斯州鐵路等等。在產生的構想當中，有一個是僅提供站位的車廂。這個構想感覺好像為顧客可得到的益處提供更理想的取捨：舒適度降低但車票便宜許多。

如何盡快查明這個構想有機會成功或注定失敗？到目前為止我們已經看過三種證明構想有效的方法，分別是利用文字（報價分析）、數字（環境分析）和行動（精實創業）。有些人或許已經想到用文字和數字來測試「僅提供站位的車廂」是否可行，不過現在我們特別來看「行動」方面的做法。

首先我想多花一點時間討論安排測試的人員對於準備要執行的實驗，考慮該用何種規模和形式，以及該測試哪些假說的同時，他們腦海裡會出現的各種問題與答案，如此我才能更具體地為各位講解精實做法於實際層面的應用。

問題與答案

關鍵假說為何？

關鍵假說是乘客是否能站著搭火車？非也，本來就有乘客站著搭火車這種事，當車廂座位坐滿時就會有此狀況。還是乘客是否願意

學會戰略性思考

站著搭火車？也不是，這種狀況同樣本來就有，譬如乘客自己決定要去吧檯車廂站著喝東西。那麼就是乘客願意站著搭火車的平均時間長度？正解。這段可持續站立的平均時間就是我們要用MVP在實驗中取得的重要衡量指標。

因此，以下元素最能充分表達我們的關鍵假說：（1）有一定數量的乘客；（2）在符合安全規定的情況下；（3）願意站著搭火車；（4）持續一段夠長的時間；（5）由此可證明在多條列車線上提供僅賣站票的車廂有經濟效益。

如何提升測試通過的機率？

「平均時間長度」就是關鍵假說的核心層面，我們可以用以下四種方法在做測試時增加這段時間的長度：

› 打造更平穩的搭乘經驗（鐵軌、車廂平衡等等）

› 提升乘客的肌力（良好的姿勢、耐力運動等等）

› 分散乘客的注意力（與他人聊天、觀看娛樂畫面等等）

› 獎勵乘客（車票優惠、加碼累積火車里程數等等）

從〈金字塔原理〉一章可知，上述四個選項加起來就是金字塔的

其中一層。假如這四個選項都能解決的話，結果自然就表示是很好的構想，但不需要四項條件都成立才能證明這是好構想。「精實創業」途徑推薦使用MVP（最小可行性產品）來測試構想，而我個人的訣竅則建議各位以「討要」、「借用」、「交換」的方式建置MVP，別直接購買或製造。事實上在這個階段，我們專注於建置一節具有分散注意力和獎勵功能的測試車廂即可，因為提升乘客肌力這個做法太勞師動眾，而打造更平穩的搭乘體驗以目前來講不但曠日費時，成本也過於昂貴。

應該用什麼措施分散乘客注意力？

　　做任何實驗和測試都一樣，請務必確認別一次測試太多變數。就這個案例而言，不妨思考人們在何種情況下心甘情願久站？像酒吧、音樂活動以及一些運動賽事都是人們不介意久站的場合。那麼，我們就把這三種場合的迷你版融入到測試車廂裡吧！設置一個吧檯，裝一些螢幕播放運動賽事，車廂後方再準備一個現場表演的舞臺（涵蓋各種有廣泛吸引力的音樂類型）。

如何打造車廂？

　　第一個構想是向供應商借用一節還未投入使用的吧檯車廂。另一個構想則是找自家公司的維修團隊，直接向他們借用正在維修的「裸

裝」車廂。只要將臨時吧檯、舞台和螢幕（符合衛生安全標準）設置妥當，就可以準備推出了。這一節車廂我稱之為供應端元素，或者你可以叫它「最小可行性產品」。

精實實驗的另一個層面是需求端。我們必須仔細推敲究竟該找哪些顧客來分享我們的MVP、該如何邀請這些顧客參與測試，以及測試會牽涉到哪些風險。

誰是這個測試的目標顧客？

只要是願意用便宜的票價交換更多社交機會與娛樂活動，但實際上對搭乘經驗要求更多的人都適合。雖然人人皆有可能符合這些特性，不過一般而言，學生和年輕成人顯然更符合條件。那麼，我們就先設法請這些族群來參與測試吧！

測試可能會碰到哪些風險？

首先是耐力：乘客在生理上或精神上恐怕會對久站感到厭倦。所以，只要乘客想這麼做，我們就同意他們回到有座位的車廂，以此來舒緩疲憊。第二個風險是環境吵雜以及太多人喝酒並在高速移動的交通工具裡站立所產生的連帶後果（譬如嘔吐、便溺、吵架等等）。這方面的狀況，我們可以從至少剛開始只提供非酒精飲料來彌補。最後

一個也是常見的風險，就是假如測試失敗（基於某種原因），然後有某位記者決定以不表同情的立場加以報導，那麼我們可能就得承擔名聲受損的風險。後續很快會介紹到該如何降低這方面的風險。

該在何處進行測試？

（請注意：也應考量到將無意中曝光的風險降到最低。）要進行測試的列車路線應當審慎挑選。挑選原則盡量以乘客當中青壯年和學生占大宗的路線為準，且這條路線起迄點間的距離長到足以測試耐力，又最好離本國媒體稍微遠一點，避免在測試終止或準備於黃金時段曝光之前出現負面報導，假如以英國的阿凡提來考量的話，把這些條件彙整之後最適合的測試地點應該會指向伯明罕到威爾斯班戈這條路線。

該如何邀請目標顧客參與測試？

（請注意：也應考量到將無意中曝光的風險降到最低。）我們可以透過下列四個選項讓目標顧客注意到這節新車廂：

> 公司官網　　　　　　　　> 此路線上的各車站售票口
> 此路線上的各車站月臺　　> 列車上

官網和售票口所涵蓋的範圍可能有點過於廣泛（會引起許多非預期目標的顧客注意到此訊息），而搭上火車之後時機點也嫌晚了一些（乘客一旦坐定，放好隨身攜帶的物品之後，可能就不願意再去試用僅提供站位的車廂）。所以我們最好的選擇，應該就是在列車路線的各站月臺祭出實體行動。

舉例來說，阿凡提可以找幾位員工站在一面大型廣告布條旁邊，布條上寫著：「今日免費搭乘，請洽詢我們，您的車票可以退錢。」還請各位特別留意，廣告布條上實際該用什麼措辭，可先經過 A/B 分組測試，直到找出最理想的用字遣詞為止。

乘客向阿凡提的專員洽詢之後，會被告知花一英鎊就能搭火車，條件是在新穎、設備充足的「歡樂車廂」（有吧檯、電視螢幕播放運動賽事，還有歌手在舞臺上表演等等）一路站著搭車。接受專員提議的乘客比例清楚指出了此新商業構想會走紅的可能性。我們可以推測，再過一段時間這個比例會隨著以下幾個原因而有所調整：

› 廣告：愈多乘客知道這項措施，就會有愈多乘客做好心理準備，等到有機會在月臺上碰到時就會接受專員的提議。
› 便利：我們會在官網上提供方便預訂這節車廂的選項，此做法極有可能提高參與率。

› 習慣：有些人試用後會喜歡「歡樂車廂」，有些大概從此討厭這種車廂而不再光顧，無論我們如何改良車廂都無法動搖他們。

› 價位：調整票價可以精準測試乘客重視的座位和舒適度能否被犧牲。

› 酒精飲料：在這條列車路線上增加酒精飲料是測試的必要環節，這是為了模擬實際的環境。

從上述面向可以看到，如果等到歡樂車廂的服務全面推動的話，我們有能力對後續的使用者比例做出顯著影響。然而這些影響因素並非個個都符合經濟效益，所以請用我們的MVP來測試「基本情況」。顧客的極端回應（比方說完全不感興趣或大量超額申請）會非常明確，直接讓我們得出結論。一般來說，第一個MVP有助於我們學習，讓我們能夠據以調整進而建置第二個MVP，以此類推。

實際上，第一個實驗車廂可以在數週內做好上路的準備，而推行前兩週的流程劇本大概是這樣的：

› 核對衛生安全規定

› 與重要的內部利害關係者溝通並說服他們（車站站長等等）

› 設法取得「裸裝」車廂

› 取得車廂的各項實體設備並裝設完畢（吧檯、電視螢幕等等）

› 找好飲料來源（從非酒精飲料著手）

› 招募自告奮勇的員工來負責「免費搭乘」攤位

› 準備志工要用到的腳本並予以充分修潤

› 製作用於車站內的廣告布條

› 等等

　　誠如各位所見，在現實層面上，「精實創業」實驗的劇本比起簡單的「建置—衡量—學習」回饋迴路給我們的想像要繁瑣太多了。但請別因此洩氣，設計實驗的流程最多也就是幾個小時的時間，跟完全不經過實驗就讓新構想上市而招致一敗塗地所花費的成本比起來，根本不算什麼。

　　最後一點要留意的是，前文曾略微提到，對現有企業而言，並非只要有宣傳就是好宣傳。我的第三個訣竅是替實驗增加隱蔽性或合理否認的條件，但不是靠說謊或模糊焦點的方式，而是做得巧妙一點，並且再三斟酌如何能夠讓測試比較不容易陷入負面宣傳的麻煩。就歡樂車廂的範例來說，攸關聲譽的關鍵風險就是測試過程中引發太多醉酒事件。

有何巧妙做法可降低產生負面形象的風險？

　　與某個即便發生醉酒事件也不會損及該品牌形象的組織攜手合作的

話，說不定可解決這個問題，譬如酒吧連鎖店或酒品公司。想像一下，假如我們的車廂就叫做「海尼根車廂」（Heineken Carriage）或「飛行威瑟斯本[*]」（Flyin' Wetherspoon），任何媒體若是報導這節車廂發生飲酒過度事件的話，一定會變成笑柄，不然你期望酒吧要發揮什麼功能？！

那麼，該如何讓海尼根或威瑟斯本兩家酒類品牌參與我們的測試行動呢？測試若是成功，等這種車廂推行到整個鐵路網時，就提供他們非常有價值的一年獨賣權。我們很清楚現在要測試的可能是一個新的業務單位（即第三種級別、僅賣站位的車廂），要讓海尼根知道的訊息也就這些。同時我們也體認到，可能會有各種不同的因素導致計畫行不通，也許過了數週或數月後必須取消這場測試——我們也把這些訊息告訴海尼根。如果碰到最糟的情況，這個測試很早就夭折（可能被視為失敗），那麼海尼根和阿凡提就可以對外宣稱這只是場行銷活動，是（海尼根的）一種促銷噱頭，就像類似的活動一樣，一開始就預定是短期活動。善用海尼根的行銷宣傳品本來就不是作為長期促銷之用，有助於強化這樣的說法。事實上，剛開始測試時只要在車廂布置海尼根的廣告橫幅即可，數週之後如果實驗成功的話，再直接油漆在車廂上也不遲。

---

[*]　威瑟斯本為一間酒吧公司，在英國和愛爾蘭都有營業據點。

總結

總而言之，從這個長篇範例可以看到實際上在規劃「精實」的測試作業時要處理多少細節，同時也需要縝密的考量。時間就是金錢，花愈多時間仔細策劃測試的順序，那麼每一次測試的成本就會愈便宜。反過來說，花在策劃的時間愈少，所有的測試都會變得更昂貴。

最後一個訣竅是，我通常會問客戶目前所分配到的預算只能動用十分之一的話，他們會如何做測試。把預算縮減九成，真的可以充分集中腦力。一般而言，在這種情況下，大家確實能想出一版新的測試（也許成本無法減少九成，但還是可以便宜七成五）。做測試時最成功的省錢之道，就是每次測試時只針對一個關鍵難題。通常要找到同時測試四種目標的方法大概不容易，但一次測試一件事的便宜做法卻很多。舉例來說，假設你要測試自己做的食物受不受歡迎，其實不需要動用到一間真正的餐廳，簡單在公園野餐就可以辦到了。

縮減每次測試的風險預算，會產生公司文化逐漸改變的附帶好處。如果測試的成本很少，比較不會有需要核准和背書的問題，如此一來公司的文化就會從傳統的「只准成功，不准失敗」模式，轉換成「失敗乃收集洞見的低風險實惠之舉」。

「精實創業」的核心原則——測試和學習——巧妙又簡單，可是實際在部署時卻又異常講究，不過熟能生巧，得到的回報絕對值得這些付出。

精實創業練習活動：如何縮小荷蘭人的尺碼？

「精實創業」途徑是一種可以快速測試構想的絕佳技巧。不管是什麼構想，或者至少可以說大部分的構想都可以。你要做的就是仔細思考自己打算測試哪些關鍵假說，以及何種可隱蔽的MVP能幫助你取得測試通過或失敗所需的數據。「精實」途徑不像某些策略技巧那麼結構化，所以我有一個十分重要的建議，那就是把目光放在「精準數據」上，別去管「大數據」。假設我們現在考慮的構想後來失敗了，數個月後的我們正在聽取測試失敗的報告，那麼以今天這一刻來看，我們已經能感覺到最有可能失敗的原因是什麼？這個原因正是此時此刻我們在做測試時應該對準的地方。直搗黃龍朝著最有可能的失敗點來著手，別將這些重點留待最後再解。

想像一下，你目前在荷蘭衛生福利暨運動部工作。這個單位憂心國民雖然普遍身材適中，但平均體重正慢慢增加當中，就和大多數的西方社會一樣。從「上升」思考作業中產生了許多有助於減緩或甚至扭轉此趨勢的絕佳構想，尤其其中有一個叫做「付錢給國民減重」的構想，特別值得馬上著手進行測試。民眾只要變得更健康，就會變得更有錢，而且身材也會一併變得更苗條。

Hema是一家兼賣服飾的日用品零售商，擁有500家分店，他們

十分樂意加入這個計畫。Hema 建議提供減重者服飾優惠券，讓他們能購買尺碼小一號的新衣服，這是民眾達成目標後會需要用到的東西，別直接發放現金。荷蘭衛生福利暨運動部和 Hema 或許會把這個潛在活動稱為「縮小荷蘭人尺碼」，因為這項活動不但涉及到縮小腰圍，就連衣服尺碼也會跟著縮小。請注意，美國衛生公共服務部和沃爾瑪（Walmart），又或者是英國衛生暨社會健康部和特易購（Tesco）等等，也許很快就會加入這場減重活動。

假設這個專案才剛開始進行，有兩個小組接獲指示必須先行全盤思考這個活動。他們必須找出關鍵假說，或者也可以說要處理的關鍵問題，並且針對各個假說準備可隱蔽的 MVP 測試。

現在提供以下兩種練習活動，讓各位可以馬上練習你的「精實」技巧，同時我們也邀請你在 www.strategic.how/lean 分享解方：

› **精實創業練習活動 #1：**
在此階段擁有最佳測試構想計畫是安娜莉絲組還是克拉斯楊組？
› **精實創業練習活動 #2：**
你本身對此構想的關鍵假說與測試配套為何？

精實創業練習活動 #1：
安娜莉絲組 VS. 克拉斯楊組

安娜莉絲組

關鍵假說	可隱蔽的 MPV 測試
想要減重的民眾有多少百分比？	街訪 100 位民眾調查兩個問題：你滿意自己的體重嗎？你願意參加全國性減重挑戰計畫嗎？
最理想的獎勵機制為何？	同步進行五個層面的 A/B 測試：直接發放現金、優惠券、楷模、遊戲和免費服飾。
參與者的熱忱或投入可維持多久？	選擇一家偏遠的分店試行計畫。用 App 輔助。
該如何量體重（以避免參與者作弊或作假）？	？

克拉斯楊組

關鍵假說	可隱蔽的 MPV 測試
可以被鼓勵參加減重計畫的民眾有多少百分比？	• 三天徵召 1000 位民眾 • 五家商店＋五家健身房 • 一個月後持續追蹤
每減重一公斤需要多少歐元？	• 發放 50 歐元優惠券給減重者，並且只在優惠券使用時才詢問他們減重多少公斤。
每位參與者可能會在 Hema 花多少錢？	追蹤三個月

精實創業練習活動 #2：
你對「縮小荷蘭人尺碼」的看法

可隱蔽的 MPV 測試

關鍵假說

PART FOUR

如何為最佳解方
取得認同

推進

在商業環境下，有很多方法可以從「清晰」來到「信服」，〈如何解決複雜的問題（思考）〉也提到以下做法：

› 善用**衝擊力的文字**，針對每一位利害關係者的個人偏好來調整溝通方式。

› 核對**簡單的數字**，因為構想若是不能克服某些量化障礙，就無法取得認同。

› 打造**動人的故事**吸引利害關係者，促使他們注意到建議方案中務必要瞭解的重要面向。

〈如何為最佳解方取得認同（推進）〉這一篇會從以上三種做法各挑一項技巧來探討：

› 「衝擊力的文字」，搭配**NLP語言**和**十大說服法**

› 「簡單的數字」，搭配**顯著指標**和**口袋版NPV**

› 「動人的故事」，搭配**金字塔原理**和**廣告效果**

戰略思考的雲霄飛車的「推進」作業，指的就是你在試圖說服他人相信你推薦的解決方案有效的階段。你希望別人相信你的解決方

案、你希望取得他們的認同，無論用什麼樣的說法，要表達的意思都一樣——你想要他們同意你的看法。

在繼續往下探討之前，我們何不先「翻轉」一下這個課題？假設現在有人努力要說服「你」同意「他們」的看法，這個想要取得你同意的人或許是你的愛人、老闆、供應商、同事、汽車經銷商等等都有可能，何種原因會讓「你」同意「他們的」建議呢？

如果有人想要「你」同意「他們」，就表示這些人希望你大膽相信他們對未來的願景。這些人想要你相信他們找出來的解答一定會在不久後（也許是數秒後、數年後，或數十年以後）的現實中，被證明是對雙方來說最理想的結果。若是被問到，他們需要什麼東西才能讓人相信未來會出現的結果——畢竟是他們現在還看不見或摸不到的結果——從古到今的人類都會回答：「動人的故事，搭配一些有衝擊力的文字，再加上一些簡單的數字。」這便是「推進」階段的結構。

我們在職場上針對任何戰略問題簡報推薦方案時，會碰到數據相當稀薄的難題。遇上沒有多少數據可呈現的狀況時，就必須把你的數字用得更有效率，把你的文字用得更強大，並且把你的故事打造得更動人！

第8章
有衝擊力的文字

NLP 語言

神經語言學（Neuro-Linguistic Programming，以下簡稱NLP）是一群以研究人類卓越的原因為己任的人士所促成的大型運動。這些人士試圖找出是何獨特的策略造就了某些人比他人更成功。他們在努力的過程中，揭開了語言和溝通方面的奧祕。

如果退一步來看，大家應該都會認同人類是透過感官來理解世界的說法。我們用視覺、聽覺、嗅覺、味覺和觸覺來感覺事物，這五個感官就是我們讓外界資訊進入大腦的管道，使我們得以在腦海中建構周遭世界的圖像。NLP把這五個感官稱為「表象系統」。後來NLP又增加了第六個管道，即專門處理事實與數據的感官。這個管道在1970年代被發現，當時NLP將之命名為「數位」管道。近來「數位」一詞

有了更多的含意，但大致上來講還算相關，都是關於處理少量的事實與數據。

NLP為了從簡，經常將三大感官（觸覺、嗅覺、味覺）合而為一，統稱為「動覺」（kinaesthetic）管道。

視覺：觀看＋注視
聽覺：聆聽＋說話
動覺：理解＋感覺
數位：閱讀＋計算

基於這一點，我們處理資訊的模式是，外界會透過以下四種管道進入人的大腦：視覺管道（看見）、聽覺管道（聽和說）、動覺管道（感覺和觸摸）和數位管道（閱讀及分析）。

接下來這個NLP洞見十分驚人：大多數人強烈偏好使用其中兩種管道。

此洞見在實際層面上意味的是，資訊若以符合偏好管道的形式觸及一個人的話，那麼資訊會更快進入這個人的大腦，大腦的處理速度會更快，而資訊也會變得更有說服力。如果資訊以一個人最不喜歡的管道來呈現，就會花更長時間才能觸及他，大腦處理的時間也會拉

長，對這個人來說，資訊也會顯得比較沒有說服力。

　　舉例來說，偏好管道之一為視覺管道的人，喜歡用觀看和注視的方式來收集資訊並被說服。至於偏好聽覺管道的人則重視聆聽和說話。高度動覺型的人則偏好去領會和感覺事物，而高度數位型的人比較喜歡閱讀和計算。

　　也許你已經知道或感覺到自己某些管道的運作效果比其他管道好。比方說你看文件時經常念出來，那麼聽覺的運作對你而言比數位來得好。又假使你在停車時必須先把車上的廣播關掉，就表示你的視覺運作比聽覺更好等等之類的情況。

　　大多數人潛意識裡都知道自己哪一種管道的運作效果最好，所以在待人處世上也會呈現這個事實。倘若不知從何觀察起，自然難以識別他人的蛛絲馬跡，但如果明白一些線索的話，一定可以看出一些端倪。

　　事實上，人的用字遣詞就是最明顯的線索，因為每個人的都會使用高度偏向自己喜歡的表象系統的字彙。我們用這種屬性的字彙發出信號，向外界示意我們偏愛用何種管道來溝通。以下四張表格列出了一系列各表象系統特有的用字與措辭。

　　只要知道某個人偏好什麼管道，再多用該管道的語言來溝通的話，就能更直接觸及他的心和腦，也才能更快且更有效地說服他們相信你對問題提出的解方一定有效。

視覺系統

高度視覺型的人偏好用視覺語言，比方說他們會用看見、聚焦、清晰、明亮、圖片、朦朧等字眼。視覺型的人會發散視覺語言。當你注意到有人用大量視覺語言，就會對如何與這種人做更理想的互動有大致的概念。首先，你本身要用視覺語言，接著再提供更多視覺方面的刺激，譬如用投影片、簡報或圖片等等，因為視覺型的人喜歡看到東西並加以觀察，他們以此收集資訊並且被說服。

一般用字		**一般措辭**
› 看見	›「我掌握全貌了」	›「在我看來滿不錯的」
› 聚焦	›「現在很明朗了」	›「四目交接」
› 清晰	›「我看懂你的意思了」	›「把事情講清楚」
› 明亮	›「事情漸露曙光」	›「吸睛的節目」
› 圖片	›「我不看好那件事」	›「大方向」
› 朦朧	›「看起來真是乏味」	
› 色彩	›「事情讓人看不清」	
› 觀看	›「前方的路很清晰」	
› 模糊	›「那種說法很搶眼」	
› 注視	›「他今天的心情很黑暗」	

聽覺系統

　　聽覺型的人使用大量聽覺語言，譬如聲音、聆聽、述說、講話等等的字彙，還有一些比較吵雜的狀聲詞，比方說喀嚓、砰等等。他們會用「我是這樣告訴自己」、「聽聽你自己說了什麼」或「我們同唱一個調」這類的說法，也用了很多指稱聲音的語言，不管是說出來的還是聽到的。破解這一點之後，你本身大量使用這種語言和聽覺型的人說話，就能與他們有更良好的互動。聽和說就對了！

　　高度偏好聽覺管道的人需要把事情談清楚。他們通常會忽略你精心準備的投影片或備忘錄，堅持從頭談起。所以如果你已經備妥

一般用字	一般措辭	
› 聲音	› 「我告訴自己要當心」	› 「聽起來很順耳」
› 聽見	› 「跟我說說那是怎麼回事」	› 「我被吵得心煩意亂」
› 告訴	› 「事情就定位了」	› 「唱我們的調」
› 說話	› 「讓我來解釋一下」	› 「清晰的解釋」
› 按一下	› 「我們一搭一唱」	› 「聽起來很耳熟」
› 砰	› 「聽聽看你自己在說什麼」	
› 講話	› 「我們調性很合」	
› 音量	› 「聽起來真是悅耳」	
› 大聲	› 「我很高興你這麼說」	
› 喀嚓	› 「我很開心聽到這句話」	

大量道具（譬如照片、物件等等），暫且將這些東西挪到一旁，先和他們談一談，用言語與他們互動。聽覺型的人想用聽的，也想用說的來回應。

動覺系統

動覺型的人喜歡用領會和感覺的方式。他們使用的字彙包括影響、感覺、領會、緊繃、粗糙、放鬆等等，各式各樣和生理及情感十分相關的字彙。與這類型的人交流時，先使用類似字彙，再試著透過經驗、互動和情感來溝通。和他們一起做個運動，讓他們站起身來，

一般用字		一般措辭
› 衝擊	› 「痛苦不堪」	› 「感覺真好」
› 感覺	› 「成功的甜美氣息」	› 「激烈辯論」
› 領會	› 「與現實接軌」	› 「感覺事有蹊蹺」
› 緊繃	› 「我領會你的意思」	
› 粗糙	› 「我掌握到了」	
› 放鬆	› 「溫馨的問候」	
› 堅固	› 「對我是個打擊」	
› 壓力	› 「我們來實現這件事吧」	
› 對付	› 「他回味那一刻」	
› 重量	› 「撐住」	

233

四處走一走繞一繞，也許來個擁抱或擊掌，又或者做一些讓身體多多活動的事情，因為這些做法比影像或聲音更能夠觸及他們的內心。

數位系統

最後還有一種人屬於具有強烈數位偏好的人，這是商業環境中常見的類型。這種類型的人比較喜歡閱讀和計算，所使用的字彙包括相符、能力、理解等等，大多數是比較嚴謹正式的字彙。數位型的人可能會有點枯燥乏味，看在偏好其他感官的人眼裡，有時候會顯得有點機械化。數位型的人不會讓視覺型的人看影像，不會對聽覺型的人說

一般用字	一般措辭
› 相符	› 「這些事情不會納入」
› 能力	› 「這件事很合理」
› 理解	› 「關於你的疑慮」
› 建立	› 「思考各種可能性」
› 假定	› 「這種兩難情況很有意思」
› 判斷	› 「可行的方案」
› 衡量	› 「分析潛力」
› 合格	› 「評估選項」
› 思考	› 「重視品質」
› 比較嚴謹正式的字彙！	› 「宣揚觀念」
	› 「縮減規模的命令已經下達」

故事，也不向動覺型的人表露情感。數位型的人溝通時不帶情趣，他們就喜歡這樣的表達方式。面對數位型的人，最好配合他們動用結構與事實，會比較容易說服他們。

總結

NLP語言具有多種說服他人的方法。多多留意人們使用的字彙，因為最常使用的系統（視覺、聽覺、動覺、數位），可以顯示出他們在接收你的資訊時所偏好的管道。接著只要再使用管道特有的語言，搭配相應的圖片、辯論、故事和數字等等做法，便有機會旗開得勝。

如需深入瞭解NLP語言的細節，可參閱我的第一位NLP導師，同時也是我的前老闆朱利安·維納（Julian Vyner）的鉅作《駕馭軟技能》（*Mastering Soft Skills: Win and Build Better Client Relationships with a New Approach to Influence, Persuasion and Selling*）。

最後我們再舉一個例子，請各位想像一下Apple和亞馬遜打造的世界。Apple的世界受到史蒂夫·賈伯斯（Steve Jobs）和強尼·艾夫（Jony Ive）的影響，除了視覺令人驚豔之外，動覺感也很強烈。從iPod原始廣告裡正在跳舞的人物，到Apple專賣店木質的展示櫃體，以及應用程式市集App Store當中App的圓角型圖示等等，Apple的每一樣東西在視覺上都動感十足。反觀亞馬遜的網站，所有的東西看起

來和感覺起來都少了禪意。各種下拉式選單裡有不計其數的選項，搜尋結果頁面上列出一大堆字等等。亞馬遜世界的萬事萬物充滿強烈的聽覺數位感。

NLP 語言範例

先前曾提過，多數人對其中兩種表象系統有強烈偏好。我們現在要勾勒四種個人原型，但在此為了從簡，這四個原型分別「只有一個」偏好的管道，即視覺型人、聽覺型人、數位型人和動覺型人。情境就設定為這四種類型的人在某個星期二下午走進奧迪汽車的展示中心，而不是去酒吧。展示中心位在市區黃金地段，所展示的汽車不能到外面試駕。接著就來檢驗一下這四種人分別偏好用什麼方式與展示中心的業務員互動。

視覺型人首先走進展示中心。業務員上前詢問他：「有什麼我能為你效勞的嗎？」視覺型人答道：「不用，謝謝你，我先隨意看看。」這時視覺型人的心裡是這麼想的：「就是這樣我才要刻意避開和你眼神接觸！」由於這種類型的人有盡可能從視覺資訊來理解的強烈偏好，所以他們通常不喜歡被愛聊天的業務員打擾。視覺型人從經驗得知，業務員多半會滔滔不絕地說個不停，他覺得與其聽業務員長篇大論還不如自己好好觀賞汽車更有用，所以最好馬上把業務員打發走，

等需要瞭解特定資訊的時候，隨時招手請他過來就可以了

　　現在，有一位聽覺型人走進展示中心。業務員走了過去詢問道：「我能為你效勞嗎？」聽覺型人說：「好啊，麻煩你了，幫我介紹一下你們的汽車吧！」當聽覺型人和業務員站在汽車前面時，有時候從這個情境下可以觀察到，聽覺型人會為了要面向業務員而背對汽車。這種以聽業務員講話為第一優先的偏好，大概會讓多數非聽覺型的人感到困惑。在某些情況下，聽覺型人聽到背後有腳步聲時會轉過頭去，結果看到另一位業務員走過去，他就會請那位業務員也一起過來聊。業務員若是過來加入聊天行列的話，這就是聽覺型人夢想中的情境了：兩個人同時跟你說話，他們表達的意見略有不同，都是為了幫你選擇要採取什麼行動。然而，這種情境對很多非聽覺型人來說根本是惡夢！

　　接下來，請想像有一位數位型人走進展示中心。業務員趨前詢問：「我能為你效勞嗎？」數位型人會先用是或否來回答，不過他真正要回答的重點多半是：「我想看你們的型錄」或「有些資訊我在網路上找不到」。碰到數位型人的時候，通常也可以觀察到，他們拿了型錄手冊之後就會轉身離開，既沒有欣賞一下汽車，也沒有和業務員多說一句話。純視覺型的人對於不和業務員說話完全可以理解，純聽覺型的人也完全能體會不欣賞汽車是怎麼回事，但這兩種人都不懂拿了型錄就離開是什麼意思。

最後走進展示中心的是動覺型人。業務員走過來詢問：「我能為你效勞嗎？」動覺型人和數位型人一樣，會先用是或否回答業務員，但值得注意的是他接下來很有可能會這樣接話：「我想要坐在車子裡面體驗看看。」數位型人一聽到動覺型人想單純坐在不會動的車子裡，心裡大概會想：「用這種方法收集額外資料，評估未來適不適合購買這輛車，真是不錯的點子。」要是這時有另一位動覺型人聽到有人想要坐在靜止不動的車子裡，他應該會覺得：「老天，坐起來的感覺一定很棒！」

　　視覺型人最優先想做的事就是欣賞汽車；聽覺型人想和別人聊一聊車子；數位型人想先讀過資訊並加以分析；而動覺型人想要的則是體驗、觸摸和感覺這輛汽車。

　　假如這四種類型的人可以透過偏好的NLP管道接收所需資訊的話，一定會更容易被說服購買某款汽車。

　　業務員要是瞭解NLP管道的重要性，就會使出渾身解數用顧客偏好的管道來提供資訊。但如果是老派業務員，大概只會用自己本身偏好的管道，不會管顧客愛用什麼方式溝通。可想而知，最討業務員喜歡的管道就是聽覺管道。經驗比較老道的業務員會問顧客一些問題，快速抓出他們偏好的管道，再將主要溝通模式調整成這些管道。

　　真正更擅長運用NLP的人，甚至不需先跟對方講過話，就知道如何

找出他的表象系統。一個人的走路姿勢、穿著打扮，或是他與周遭人事物互動的方式，都是可以準確推斷其表象系統的線索。換句話說，不必近距離接觸，連招呼都還沒打，你就能判定如何最有效地與他人互動。

現在假設上述那四位各有偏好管道的顧客在同一時間來到展示中心，而這次只有一位業務員在場服務。這唯一的業務員該如何招呼這四位顧客，才能讓每一位顧客滿意，進而成為業務員談成生意的大好良機？顯然可以從最理想的服務先後順序來著手。你可以在十秒鐘內想出這個順序嗎？業務員應該先接觸哪位顧客？視覺型、聽覺型、動覺型還是數位型？

第一位要處理的一定是聽覺型顧客，因為這位顧客是四種顧客當中唯一真正想和業務員說話的人。其他三位頂多就是不置可否，也許有人甚至會排斥和業務聊天。那麼，業務員現在應該對聽覺型顧客說什麼才好呢？

正確解答就是請別說「我能為你效勞嗎」。既然業務員已經辨識出這位顧客是聽覺型人，所以第一句話應該這樣講：「來聊聊我的車吧！可否給我一分鐘時間，先把另外三位顧客安頓好呢？他們想問什麼問題我很清楚，我馬上就回來，這樣我們可以聊久一點。喔對了，你想來杯咖啡嗎？要不要加糖或加奶？」我們知道另外三位顧客跟聽覺型顧客比起來，比較沒有與業務員互動的熱情，因此這位業務員一

定很快會回過頭來和聽覺型顧客聊天。那麼接下來，業務員應該先去找哪一位顧客呢？

他應該先去找數位型顧客。大家知道數位型顧客強烈偏好專心閱讀和分析資訊，所以對業務員來說，只要走到離數位型顧客幾公尺的地方，為他指出放了多種型錄手冊和廣告印刷品的桌面，就能輕輕鬆鬆幫到這位顧客。有時候對數位型顧客來說，業務員別來和他們講話，他們反而更開心。

現在剩下兩位顧客，即視覺型和動覺型顧客，業務員接著應該先招呼哪一位呢？當然是動覺型顧客。我們知道視覺型顧客寧可不要有人打擾他！這個類型的顧客比較喜歡隨意觀賞和翻閱。當高度視覺型的人需要向業務員詢問其他資訊或與業務員講話時，他們通常不會開口，而是把手舉高向業務員揮手，或許再加上一個請業務員過來的手勢。（請注意，聽覺型人碰到同樣狀況，大概會直接朝著現場另一邊大喊：「不好意思，可以請你幫我一下嗎？」）有鑑於此，眼前這個情況業務員就先讓視覺型顧客自己自由觀看即可。

所以業務員朝動覺型顧客走去，他先和顧客握手，也許另一隻手放在顧客肩膀上或手肘處，然後再繼續說明所有展示的汽車都可以試坐，請顧客盡情試坐，不必客氣。接著業務員會離開，回頭找聽覺型顧客。這時動覺型顧客通常會坐進汽車駕駛座，按一按車子裡的各種

學會戰略性思考

按鈕和把手，心裡很有把握業務員至少有一段時間不會回來打擾他。

現在，我們這位業務員可以好好環顧展示中心，為自己把工作做好感到十分驕傲。他有三位顧客正在用各自偏好的方式吸收大量資訊。業務員走回等在入口處的聽覺型顧客身邊，此刻他有兩個選擇：去弄杯咖啡來，然後和顧客聊天，或者是帶領顧客一起走到廚房，在那個沒有窗戶、略帶臭味又吵雜的空間環境聊天。既然你已經瞭解表象系統和各個管道的特性，應該就會知道聽覺型顧客（只有這種顧客才如此！）偏好在吵雜、骯髒的廚房聊天，不喜歡自行閱讀、觸摸或觀賞汽車。

奧迪汽車和許多豪華汽車品牌的展示中心配置都差不多，原因其實很容易理解。業務員的辦公桌應該擺哪裡？盡可能離展示中心的入口最遠的位置。為什麼呢？有兩個理由。首先，業務員因此有機會從遠處觀察顧客幾秒鐘，推測顧客偏好的表象系統，如此便可用其偏好的管道來接近他們（或者讓視覺型人獨處不打擾他們！）。其次，除了聽覺型人，大多數的顧客對業務員的心情是很矛盾的。所以盡量拉開入口處與業務員辦公桌之間的距離，可以在不知不覺中向另外三種顧客暗示，業務員不會去糾纏他們，或者至少不會糾纏太多，或不會太快去糾纏他們。

講到空間的配置，一般說來，入口處旁邊多半會擺一張桌子，

上面放置了很多廣告文宣和各種資訊印刷品。再者，展示的汽車當中約有一半的駕駛座車門是敞開的。另外，汽車會排成比較隨性的之字形，讓顧客每走一步都會出現令人驚喜的新視角，不會排列成看起來乏味的直線。

為了確保你提供的東西能說服顧客，不管是汽車還是你建議的商業解決方案，最有效的做法就是你在解說時融入四種表象系統。對全新構想或投資案來說，最重要的莫過於簡報的執行摘要了，這個部分接下來很快就會探討。

十大說服法

NLP語言的四種管道強調的是用來影響他人的言語「形式」十分重要，而十大說服法的模式正是以這些用字遣詞的「特性」為基礎。

第一種說服法是「理由」。策略人員和顧問最常使用的就是這種說服法，因為他們通常本能會採用理性的論述，譬如這樣說：「為什麼你應該做X、Y、Z，有三大好理由。」這種方法富有成效，尤其你剛好又有紮實的論點來支持你的理由的話。但如果證據薄弱或對方認為證據不充分，效果就會打折扣。

以理由作為說服法時，我們可以動員視覺、聽覺、動覺或數位語言來進行。沒錯，支持高度理性的途徑時採用數位語言是一種趨勢，

但未必只有這種語言能派得上用場。另外九種說服法也是同樣的道理，每種都能用四個NLP管道來執行，只是各個說服法或許特別偏重其中一、兩個管道而已。

第二種說服法是「提問」。這種方法一般會這樣問問題：「你想變有錢嗎？」我們並不是用理性來說出這句話，而是透過引導式的提問讓對方說服自己，如此一來他們就會覺得決定在於自己。如果這樣問對方：「你打算如何辦成這件事？」勢必能「翻轉」對方防備的態度，從他們原本指望你來說服他們，變成本身就是參與者，和你一起合作來說服他們自己。

第三種說服法是「權威」。「不退錢是我們的政策。」當你是外部顧問，面對董事會高層主管時，有時候很多人不知不覺中會對比較資淺的人用這種方法，效果其實不怎麼好。在某些特定情境下，用權威來說服他人確實十分有效，譬如已經沒有時間，或大家太多意見的時候。無論如何，這種說服法有利有弊，通常只對最順從聽話的人有效，這些人也未必有戰略眼光。

第四種方法是「強迫」。「上次那位只撐了兩週，這次你來做。」我們未必肯承認自己用過這種方法，不過大多數人都會這麼做。不妨回想一下你的職業生涯，你會發現其實很多人用過「強迫」法。如果你去問這些人是否曾強迫別人，他們大概遲疑一下，然後回答沒有，

243

但其實他們可能經常這樣做。

第五種方法是「專業」，比方說「以我的專業來講」之類的措辭。用這種方法來說服別人很有效，尤其是目前的問題以前曾出現過，且說這句話的人又確實有相關專長的時候。不過，過度使用專家牌會有個小缺點，那就是只偏重過去的經驗和現在的知識，對那些放眼未來的破壞型人士來說，可能顯得太老派了。

以上這五種說服法都有一個共通特性：它們講究的是用「腦」，而不是用「心」。「理由」、「提問」、「權威」、「強迫」和「專業」都是比較冷冰冰的做法，少了情感成分。接下來要介紹的五種方法比較有溫度，多了一些內心的拉扯，而不是訴諸理性。

理由	激勵
提問	沉默盟友
權威	灌迷湯
強迫	交易
專業	人情

第六種說服法是「激勵」，也就是情感上的勸說，譬如「親愛的朋友們，我們再試一次！」、「一起動手吧！」、「與我攜手帶領這項投資

案共創未來！」其實很多人在私生活上經常使用這種方法，到了職場會稍微克制自己。各位從聽到的或讀到的各種資訊中，已經明白情商（Emotional Intelligence，EQ）和取得他人認同的重要性。對於高度分析型的人來說，激勵這個方式可能不如理性來得討喜，但依然是有效的說服法。

第七種說服法是「沉默盟友」，譬如「十個人裡面有八個喜歡」或「我們的競爭者都是這樣做的」之類的說詞等等。有不少人經常用這種方法，無論是在私生活還是商業環境裡。沉默盟友說服法威力強大，這正是基準分析、分級、排名表等如此受歡迎的原因。人多多少少愛比較，所以若是你在向大家推薦新解決方案時，能把這個解方拿來與其他同類人員做過的類似方案對照，一定可以有效消除眾人疑慮，進而達成說服他人的目標。

第八種方法是「灌迷湯」，比方說「這個案子你做得實在太好了」、「我真是為你感到驕傲」、「我們覺得你表現太傑出了」這類講法。很多人會覺得這種沒必要的奉承就是在灌迷湯而感到彆扭。不過，在對這種事嗤之以鼻前，請理解從哲學家馬基維利（Machiavelli）的《君主論》（*Prince*）問世以後，阿諛諂媚一直以來就是促使有權勢的人為你做事的重要手段。灌迷湯也許在道德上有爭議，但用來說服他人倒是效果十分顯著的方法。順便提一下，很多家長常常對自己的

小孩用這招喔！

第九種方法是「交易」。「你為我做這件事，我就幫你做那件事。」也就是互謀其利的意思，完全不需要什麼理由來支撐，直接進行交易即可。特別是很多轉戰政治圈的商務人士，往往發現自己無法駕輕就熟做交易這一點，對他們在政治圈的發展十分不利。因為在政治圈裡，做交易是慣用手法，這是政治人物想要博取他人支持的正常作為。比方說：「你幫我的學校籌措資金，我就幫你的醫院找金援。」不需要理由、專業和沉默盟友，也不必強迫，只要做交易就好。

最後一個說服法是「人情」，也就是情感訴求，譬如「如果你做X、Y、Z的話，就真的太好了。」、「你可以幫我完成這件事嗎？」之類的說法。不訴諸他人的理性分析，而是從對方的善意著手，這是一種很微妙的做法。接受這種人情要求的人，還是會用其他說服法來加以分析和處理。（比方說用「理由」說服法──「這個請求合理嗎？」，又或者用「交易」說服法──「我應該換取什麼回報？」等等。）不過，求個人情可以讓討論一開始免於過分激烈，不失為一種絕佳做法。

在進行訓練課程時，我多半會和學員一起坐下來，請他們仔細思考這十種說服法，然後找出他們最常使用的三種方法。由於我的合作對象通常是戰略人員或高層主管，所以偏好「理由」說服法的人占很大比例，當然也有學員偏愛其他的說服法，譬如有一些人喜歡用「激

勵」和「提問」，而「權威」也是一定會有的，另外還有一部分愛用做「交易」的方式，其他的說服法則沒那麼普遍。有八成的人看到這一段會承認，自己的確特別依賴其中三種或四種偏愛的說服法。現在請各位問自己這個問題：「我比較想開四缸（cylinder）的汽車還是八缸的汽車？」大部分的人會用四種說服法來說服自己開四缸的汽車，如果你能夠用上八種或十種說服法的話就太棒了。這表示你可以說服更多人，試試看吧！你有什麼好損失的呢？

　　有一個既簡單又實用的方法可以幫助你拓展自己的說服技能，那就是「模仿」。當你考慮用「專業」、「灌迷湯」或「人情」做法時，你會想到哪位朋友、親戚或同事？每個人對這十種說服法的偏好各有不同的組合搭配，因此身邊社交圈裡的人偏好的說服法一定與我們截然不同。從這個線索可以發現，通常你覺得不怎麼有說服力的人……其實是他們用的說服法多半不是你偏愛的方式！所以談到說服他人，多多用你最不喜歡的說服法來說服別人，以此特別加強訓練，可以有效擴充你的說服技巧……同時也觀察別人如何被這些方法說服！為什麼這樣做有效？因為每個人有自己的特色，你最不偏好的說服方法聽在別人耳裡說不定反而特別悅耳……反之亦然。

第 8 章：有衝擊力的文字

247

「有衝擊力的文字」練習活動：
如何簡報新投資案？

可以幫助你撰寫出色簡報的資源不計其數，而這些資源對於執行摘要都抱有一致看法。執行摘要應當簡明扼要，用字鏗鏘有力，設法抓住觀眾眼球，以一頁為原則列出構想的重點元素，最多不超過三頁。

執行摘要是很棒的做法，但如果你必須在瞬間就抓住別人的注意力，那該怎麼辦？碰到這種情況，「傳單」基本上還是王道，就像參加「愛丁堡藝術節」（Edinburgh Festival）的搞笑演員發送的傳單，抑或有人站在公共場合發送給路人的那種傳單。傳單必須一秒吸睛，否則就會淪落到被扔在馬路上或垃圾桶裡的命運。接下來要介紹的就是如何把執行摘要寫成一眼就能把人迷住的傳單。

首先，我建議各位寫一頁執行摘要就好。真的只要一頁，別寫兩頁或三頁。不要讓別人有翻頁的機會，所以只需要一頁就好。第二，在這一頁的最上方寫一句響亮的標題或口號，字體要大，配色也要大膽。我們來看一個線上藥局的範例。「線上藥局」就是這項業務或投資案的名稱，「點一下藥就來」是它的口號。

這張執行摘要的第三個元素就是搭配一張令人驚奇和印象深刻的照片。這種震撼視覺的畫面會吸引眼球。第四個訣竅是加入二到四位執行該計畫／簡報／措施等關鍵人物的超級簡短介紹，為這份執行摘

學會戰略性思考

要增添一點動覺感。

第五個訣竅是納入三個左右的關鍵指標。一個指標顯示前期必須投資的金額，第二個指標為營運是否能成功的關鍵，第三個指標指出此構想的財務收益。最後一個訣竅是整頁執行摘要不超過300個字，最理想的字數在200到300字之間。另外，請務必記得特別強調文中的各個重點，因為每個人在看電子郵件或擺在桌上的文件時，都是以對角方向來閱讀，大家本能會這樣做，那些收到你執行摘要的人會這樣讀，你讀別人送來的文件時同樣也是這樣做的。

最後你會寫出一張類似下頁的單頁內容。希望以上對撰寫執行摘要的討論不會超過兩分鐘時間。

我來為各位做快速重點整理：執行摘要就是一張像傳單的東西，一眼就能吸引讀者的眼球，讓他們想更進一步閱讀，看完之後這張文件會留在他們辦公桌上或貼在牆上作為提醒。

還請各位在www.strategic.how/word分享你新投資案簡報的單頁執行摘要，我們非常樂於給予意見回饋。強迫自己把數週的努力濃縮成一頁內容，大大有助於練習寫出有衝擊力的文字。

線上藥局 The Online Pharmacy

「點一下藥就來」

約翰‧瑞里夫
執行長
沃爾格林連鎖藥局 15 年資歷
哈佛大學 MBA 學位

凱莉‧歐奇夫
首席藥劑師
CVS 藥局 12 年資歷
俄亥俄州藥劑師

菲爾‧華盛頓
營運總監
亞馬遜 8 年資歷
eBay 3 年資歷

2500 萬美元
初期投資

3000 人
第三年顧客人數

30%
投資報酬率

線上藥局的宗旨是以市場**最低價**來提供顧客**處方用藥**。我們藉由審慎維持營運效率，並以自費購買處方用藥的顧客作為目標客層，而得以用低價銷售處方用藥。

鎖定此客層可以使我們的現金流不受保險給付相關的事項干擾，再加上免除為購買維持型藥物的**知識型常客**提供不必要的服務，我們得以發揮真正的營運效率。

線上藥局會以**單一倉庫**來營運，統一由此據點發貨給網路和電話訂購的顧客。我們將僱用**親切、有問必答的人員**，再搭配優惠的價位，刺激我們所倚仗的回頭客業績，達到蓬勃發展的目標。

我們只能期待，線上藥局隨著市場上的藥品價格持續上漲，會吸引愈來愈多對價格和便利性有敏銳度的顧客。我們主要在以**55 歲以上的群眾**為訴求的網站上打廣告，

鎖定的是有固定且必要的品貴開支，但希望也能**省錢**的顧客。

線上藥局將由約翰‧瑞里夫負責主導，他有 MBA 學位及 15 年醫藥產業資歷。透過只聘用一名藥劑師再配合多位醫事技術人員，我們可以把成本降到最低。預計此業務於**第二年可**達到獲利目標，第三年業績將大幅增長。

第 9 章
簡單的數字

顯著指標

在商業環境下若要說服他人做某件新的事情，一定會用到某種數字。這種數字未必複雜，但必須重要顯著才行。管理領域最常使用的兩句話分別是「能測量之事便可管理」和「量化驅動行為」。這兩句話都點出了數據和測量在商業界的重要性，而這兩個要素各有其特色。

「能測量之事便可管理」主要著眼於現在，這句話意指某件事要能完成或可管理，最佳做法就是為這件事建立一個量化標準，這屬於戰術上的訣竅。換句話說，只要對某人的待辦事項清單設定「任何量化標準」，那麼在受到監督的情況下，過了一段時間之後達成預計結果的機率就會比較高。只要是曾經帶過團隊的人都瞭解量化的奧祕。

「量化驅動行為」則有一點放眼未來的意味。這句話指出你準備

要測量的事情會影響到部屬必須花時間做哪些事、他們做事情的方式等等，這屬於戰略上的訣竅。選擇要用「哪一種量化標準」並排定優先順序，就可以觀察到部屬因為以公司的新方向為準而逐漸在行為上有了變化。無論你用的是胡蘿蔔還是棒子，抑或雙管齊下，只要經常更新你要測量的事情，便能驅動方向大轉變。

以數據服人的一個極為有效的做法，就是找出成功最重要的因素，然後特別強調這些因素在專案或你推薦的措施實行期間會產生何種正面改變。這些重要因素有各式各樣的稱呼，譬如關鍵績效指標、儀表板等等。卡普蘭（Robert S. Kaplan）和諾頓（David P. Norton）提出「平衡計分卡」（Balanced Scorecard）概念，這是一種把所有的成功指標都集中在同一處的做法。大致上來說，這些就是必要的「顯著指標」，可穩穩驅動你期望的未來。

大多數的決策都以財務數據為準，而良好的財務數據在本質上是有脈絡的。因此卡普蘭和諾頓指出，只使用財務報表來驅動業務，就好比開車時只看後照鏡一樣，是困難又危險的事情。財務資訊說起來是一種比較慢才能反應良好收益的落後指標。

以餐廳的生意來講，我們比較一下主廚和服務生在接收資訊方面的時間差。服務生只要看到坐了幾桌客人，馬上就可以抓出來餐廳當晚生意會如何，但主廚卻慢了15分鐘等到點菜訂單開始送進來

時才能得到相同資訊。至於人不在現場的餐廳老闆，甚至得落後好幾個小時，到當天營業結束算出財務數據之後，才會知道自己餐廳的生意狀況。

有鑑於此，卡普蘭和諾頓建議為了更加有效地驅動你的活動，除了財務視角之外，應當再另外納入三種新視角，即顧客視角、業務流程視角和學習成長視角。

需特別留意的是，這四種視角不但與公司整體切身有關，對各個部門或團隊（他們服務的對象有可能是其他內部部門或團隊）來講也至關緊要。卡普蘭和諾頓的「平衡計分卡」顯示，只要留心這四種視角，任何人或任何活動都會達成更好的成果。接下來就讓我們照順序討論一下這四種視角。

› **財務視角**：適時且精準的財務數據一向是成功管理既定業務並試行新業務的優先條件。但是過度操作和處理財務數據，只把目光集中在財務上，往往會導致「失衡」的情況。將額外的財務相關數據納入參考是沒問題的，譬如風險評估和成本效益數據等等，但下一步必須轉而從另外三個視角來進行，這才是最關鍵的。

› **顧客視角**：不管是什麼企業都十分重視以顧客為本和顧客滿意

度，尤其是新業務，這些是最主要的指標。顧客若是不滿意，就會轉而去尋覓其他能符合其需求的供應商。如果顧客視角指出表現不佳，這便是未來績效會下滑的重要指標，即便目前的財務局勢看起來良好。

› **業務流程視角**：以此視角為基準的指標可讓主管清楚掌握自己業務執行狀況的好壞，無論該產品服務是否符合目前和未來的顧客要求條件。這種指標必須由最熟悉這些流程的人精心設計而成。

› **學習成長視角**：除了員工訓練之外，也包含和個人及公司自我成長相關的企業文化態度。員工對21世紀的組織來說往往是重要資源，應當處於持續學習的模式。學習講的不只是訓練，其中也包括心靈導師、輔導員、知識分享流程和各種工具等等的人事物。而公司本身則具備了各種更新與擴充計畫的來源，譬如研發、智慧財產等等。

只要能掌握這四種視角，就不難理解為什麼只用財務視角指標所看到的成功視野很有限，同時也會更容易找出達到成功、留住成功的做法。現在就以串流服務為例，譬如Netflix、Prime Video或Disney+等等。假設你是串流公司執行長，你問自己以四種視角來看，應當測

量哪 12 個指標，才能帶領自家業務穩穩走向你希望馬上就能見到的永續與獲利的未來？一般針對財務指標都會測量收益、成本、現金，那麼其他視角呢？以下是以現今 Netflix 為例所測得的計分卡。

我們現在先以測量流程為主。Netflix 於 1997 年成立時，只是一家郵寄 DVD 出租的公司。寄送出去的 DVD 到達顧客家中的比例，想必

財務
- 收益金額
- 內容成本金額
- 現金消耗金額

顧客
- 新訂閱數
- 訂閱者每月觀賞分鐘數
- 平均淨推薦值 (Net Promoter Score, NPS)

流程
- 新影集數
- 前 200 強電影百分比
- 頻寬用量

成長
- 自製內容得獎數
- 員工留任率百分比
- 獨家內容百分比

在當時一定是非常重要的流程指標，應該加以監督和管理。當然，這個指標現在已經完全消失了，但是該指標有將近10年的時間一直是最受重視的問題。在2007年，Netflix推行串流服務，突然間，諸如伺服器當機、軟體程式錯誤的解決速度等問題就變成了比較重要的指標。在這些指標又主宰了10年之後，Netflix現在的主要流程問題則偏重於電影和影集可提供串流服務的庫存量，而不是他們在技術和配送方面的措施。

此計分卡說明了顯著指標有一個重要層面，那就是適時抓出正確指標的優先順序。不管是計分卡還是儀表板之類的東西，都可以作為戰術（用來管理目前的指標）或戰略（透過新指標驅動新行為）之用。優秀策略人員的任務就是找出各項業務或新投資案在執行期間，於不同階段應該使用哪些指標，並且在各個指標不再有用處時予以停用。如果儀表板上的燈號全部都是鮮綠色，就表示你搞錯測量的對象了！

再舉一個例子來說明，這次我們善用計分卡來測量某個人的人生吧。假設現在你有一個叫做菲莉帕的朋友，她打算規劃自己未來10年的人生。在財務指標的方塊中，她寫下「薪水」作為第一個指標。如果這是她唯一的指標，那麼接下來的10年時間她會採取什麼行動？設法提升自己的薪資。提高薪水的方法有兩種，第一是努力工作，以期獲得肯定，進而得到升遷與加薪的回報；另外一個就是傾聽外界的呼

喚，與獵人頭公司接洽，跳槽到薪資更優渥的公司。這兩種方法都是相當合理的途徑，可以把菲莉帕替自己設定的「顯著指標」最大化。

現在假設她為自己設定的指標改成「時薪」。這個指標顯然會促使菲莉帕採取不同行為，她的重點應該會擺在如何更聰明地工作，而不是做更多工作而已。菲莉帕會設法增加工作效率，因此她開始盡量把工作指派給部屬。如果薪水是她的指標，她就會想一切都自己來，然後因此得到肯定。但如果指標變成時薪的話，那麼她寧可盡量把工作指派給部屬，由部屬把工作做好，讓他們為此得到賞識（如此一來，他們一定會樂意再次為她效勞）。

從這個情境中可以看到兩個洞見：第一，量化指標確實能驅動行為，因為以薪資或時薪為指標會促成不同的行為。第二，有些量化指標顯然比其他指標更聰明。以上述範例來講，很容易就能體會到菲莉帕著眼於時薪時所採取的作為，對老闆、部屬和她本身來說產生更大效益！她不只因為把工時管理得更好而讓工作和生活更平衡，也因為善用部屬而為公司實現更多利益。這樣做很有可能會讓菲莉帕更快獲得升遷和渴望的加薪，根本是「多贏」之舉。

說服他人相信你所推動的新構想或新投資案有效的一大關鍵，就是讓大家看到，挑選出來的「顯著指標」所產生的行為與附帶利益全都是成功的有利條件。接著再挑一組指標，一些用來管理當前（例如

菲莉帕的薪水），一些用來創造更棒的預期未來（譬如時薪），其他則是長期來講更有抱負、變化更大的行為。比方說，假設菲莉帕現在在財務指標中增加了「資產」這個項目。

有了這個指標之後，菲莉帕專注於擴充資產。以公司內部能做到

財務

- 薪水金額
- 時薪金額
- 資產金額

顧客

- _____
- _____
- _____

菲莉帕的人生

流程

- _____
- _____
- _____

成長

- _____
- _____
- _____

學會戰略性思考

的部分來講，她可以設法爭取最重要的加薪和股票選擇權。又或者先犧牲時薪指標，再度早出晚歸努力工作。公司外部也有機會達成增加資產的目標，譬如準時下班，省下來的時間就把現金拿去投資其他項目。像房地產、進出口、股票等等，都是一般人在職場上盡到對雇主的義務（或甚至付出比義務更多的努力）的同時，另外用來增加自己資產常用的方法。

如果現在先暫停一下，用這個洞見來看自己的人生的話，你大概會全心全意支持「量化驅動行為」這句話。對菲莉帕（和你）來說，建立資產最有效的第一步就是在她（和你）的平衡計分卡上將「資產」這個指標列在「薪資」和「時薪」之上，特別強調該指標的重要性。如果沒有經常思考自己的個人目標，這個目標大概很難達成。同樣的道理也適用於組織整體。

有一些人或組織一看到平衡計分卡出現在眼前，就變得有點走火入魔。他們什麼都拿來測量，然後建置出來的儀表板上面有數百個量化指標，絕對是服膺「能測量之事便可管理」的管理學派無誤。若想在組織中更有效地運用平衡計分卡，可以將計分卡當作一個套一個的俄羅斯娃娃來看。也就是說，每一個人（或職責）本身應該有一張計分卡，對老闆用不一樣的計分卡，對不同上司也要用不同的計分卡，而且每一張計分卡都應該保持簡單扼要。

同樣地，新投資案或新專案所用的指標也應該盡量以簡單、少量且顯著為原則。這便是「量化驅動行為」的管理學派了。最佳實務做法大概會推薦12個顯著指標，每種視角各三個指標。一個真正優質的新構想推出計畫，甚至可以建構一條滑行路徑，特別強調哪些新指標會在現有指標變得很容易達成或落伍時（想想Netflix的郵寄資料正確性或伺服器停機時間等指標）被提升。

　　一開始可以先從四種視角列出數十個可能的指標，再從中找出最重要的顯著指標。接下來，將儀表板上的指標全數移除後，用吝嗇小氣的心態慢慢加回去。就像站在奧斯卡頒獎典禮VIP高級派對外面的保鏢一樣，你必須決定：如果我只能讓一個指標進去，該挑哪一個才好？如果我只能讓兩個指標進去，那麼接下來該挑哪個指標？以此類推。這種做法非常有效，能幫你找出哪些指標能夠為你推薦的商業解決方案打造一條離成功最近的道路。

　　如需更多有關平衡計分卡的資訊，可參考卡普蘭和諾頓為《哈佛商業評論》（*Harvard Business Review*）所撰寫的文章〈以平衡計分卡推動績效〉（The Balanced Scorecard—Measures that Drive Performance）。

　　平衡計分卡（或其他類似技巧）上會有「一系列」數字。新投資案有時候需要動用「一批」數字來量化，這有點像開車的時候，「速度」與「目的地」是有差別的。把目的地輸入GPS應用程式一次（代表一

批數字），然後每隔幾分鐘就觀察車子前往目的地的速度（一系列數字）。最常使用的「一批」數字就是淨現值（Net Present Value，以下簡稱NPV），接著就立刻來探討口袋版的NPV。

口袋版 NPV

NPV是一種可針對措施或業務施加財務價值的技巧，組織的企業金融部門應該有很多人可以把NPV解釋得更詳細。儘管如此，我還是要利用這一節做個簡短的介紹，並提供一個公式以及一個既可以達到理想結果又不會迷失在細節裡的訣竅。不妨把這個NPV想成口袋版的NPV，而不是全套型的桌面版本，其主要目標是針對各個選項配上概略的財務價值，方便比較選項的優劣。NPV這個技巧的背後有四大原則：

› **所謂的價值就是指某件事未來的現金流價值。**舉例來說，假設你是街角一家商店的老闆，打算在店前面多加一個貨架，用來販售新鮮的椰子。對你來說，「增加放椰子的貨架」這個措施的價值指的就是未來你販售這些新鮮椰子所得到的現金流總和。第一年、第二年、第三年等等的現金流，通常以CF_1、CF_2、CF_3等來標示。

› **未來的現金流價值不如現在的現金流。**假如有個朋友欠你100

塊,他今天把錢還給你之後,你將這筆錢存入銀行,這樣的話今年度你說不定會賺到3塊以上的利息。不過要是朋友等過了一年才還你錢,那筆利息錢你就賺不到了。由此可見,未來的100塊所具有的價值對你來說不如現在的100塊。少了多少價值呢?我們用貼現率來指出未來現金流在今日的價值,通常以「r」表示。這個「r」就是一個指標,指出你正在評估價值的措施有多少風險。這項措施的風險愈高,你未來的現金流風險就愈高,貼現率也就愈高。就好比欠你錢的朋友有好幾個,其中一定會有人還錢風險就是比較高是一樣的道理!

› **大部分的措施都需要做前期投資。** 以賣椰子的例子來說,你得先花錢買一些木板,再請木工製作耐用又好看的貨架,然後採購第一批椰子進來。我們把這筆最初的花費稱為「K」(表示資金的意思)。

› **超過五年以上的預測都是飄渺無常。** 超過某一段時間之後,就幾乎不可能精準預測現金流,所以這時就別再繼續執著NPV,應該改而計算終值(terminal value,簡稱TV),所謂終值就是指第五年起若是沒有任何變化,從那之後所有未來現金流的貼現值。

在此階段，任何企業金融專業人員只要花數小時或數日，很容易就可以用下列公式算出各種選項的確切價值：

$$NPV = -K + \sum_{n=1}^{5} \frac{CF_n}{(1+r)^n} + \frac{TV}{(1+r)^5}$$

我們先花幾分鐘時間畫一張圖，別立刻埋頭計算。假設你目前為組織檢驗三個選項，現在正進行財務評估，設法找出各選項的NPV。在你準備打開筆電用Excel試算之前，先把你心裡對各個選項的NPV

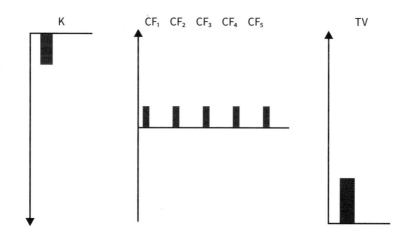

元素的預測用紙筆畫出來做視覺上的對照。

A選項開始。首先先把最初的投資畫上去，接著是現金流，最後再補上終值。只要問問自己五年後別人願意為這個措施付多少錢，就能大致估算出屆時的終值。

畫出第一個選項的長條圖形之後，繼續依序把B選項和C選項畫完，然後問自己以下三個問題：

> ，第二個選項和第一個選項的投資有何差別？哪一個選項的投資比較多、比較少、多很多等等？這樣做是為了抓出B選項和A選項的投資金額數量高低，而非比較兩者的絕對金額。絕對金額不容易算出來，不正確的可能性非常高。估算兩個選項的相對比例就容易多了，準確性也會比較高。

> ，選項的現金流圖形又有何不同？再一次提醒各位，請先分出金額數量的高低，然後在圖上標出來，別馬上算出數字。B選項和A選項的現金流差不多？抑或B選項的現金流是A選項的雙倍、三倍或十倍等等？

> ，最後，終值也循相同模式處理，別問B選項或C選項的確切終值是多少，而是找出各個選項的終值大小差異。

某個選項的圖形是不是很典型？還是說有些地方看起來很古怪？第三年我們是否做了額外投資，或在某個階段有大筆清償（以賣出授權之類的方式），以致於現金流再次下滑？只要稍微練習一下，就能畫出類似底下的簡單畫面，幫助團隊弄清楚該如何掌握各個選項未來五年的圖形。你要關注的應該是和一段時間的業務表現有關的問題，而非擔心比較細節的財務問題，詳細財務狀況之後再來煩惱。做完之後，就會得到一張不含實際數據，卻能豐富呈現各選項對照結果的畫面。

　　假設現在你取得了「某種」數據，譬如你已經得知 A 選項最初的

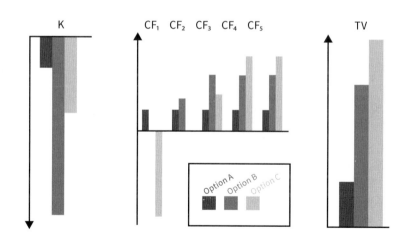

投資金額大概是200萬美元。如此一來這張圖就可以指出，B選項的投資金額約為1200萬美元，C選項則為500萬美元左右。

同樣地，如果你很確定B選項持續進行的話，現金流從第三年起約為150萬美元，你就可以順勢將B選項和另外兩個選項的其他現金流量化。終值的做法也一樣。別急著計算各選項所有NPV元素的確切價值，而是應該先畫出各選項的對照比較畫面。唯有完成這張圖之後，才能用我們可取得的有限數據來定位圖上的各個數據。

最後，呈現在你眼前的就是一張可明確顯示各選項態勢的畫面，

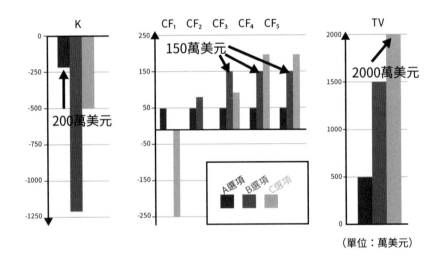

（單位：萬美元）

學會戰略性思考

包含了這些選項如何開始、進展為何，以及最終的結果。實際動手製作 Excel 試算表之前，最好先確實掌握業務的各種狀況。一般常犯的錯誤就是花很多時間建立試算表，加入所有的數字，結果有一天發現自己並沒有徹底思考過業務真正的基本特性，那時就有點為時已晚了。因此，口袋版 NPV 途徑的要訣就在於，先用紙筆畫對照圖，然後再用電腦來作業。

下頁表格提供給有興趣的人參考，該圖呈現的是目前所畫出來的圖裡加入了數字。第一張表列出三個選項的每一個 NPV 元素，第二張表則計算了各選項在四種貼現率之下的 NPV。

這兩張表格馬上就突顯了第一個重點，那就是如果三個選項的風險一致時（即貼現率都一樣），C 選項絕對是最佳選擇，而 B 選項一定是最糟糕的選項。從這個口袋版的 NPV 模擬還可以看到第二個重點，即在財務方面來講，A 選項比 C 選項更理想，這表示它的風險低很多。除非 C 選項風險高到我們用 20% 的貼現率，且 A 選項風險低到我們用 5% 的貼現率，這時 A 選項的 NPV 才會比較高（A 選項 410 萬高於 C 選項 330 萬）。C 選項若是風險適中，即貼現率為 10% 或 15%，我們便可推論 C 選項是三個選項當中最理想的選擇，其 NPV 落在美元 500 萬到 1000 萬之間。

整個口袋版 NPV 的流程做下來速度很快，畫面又一目瞭然，且不

執行方案

方案（百萬美元）	K	CF1	CF2	CF3	CF4	CF5	TV
選項A	2	0.5	0.5	0.5	0.5	0.5	5
選項B	12	0.0	0.7	1.5	1.5	1.5	15
選項C	5	-2.5	0.0	1.0	2.0	2.0	20

貼現率（r）	5%	10%	15%	20%
NPV（百萬美元）	↓	↓	↓	↓
選項A	4.1	3.0	2.2	1.5
選項B	4.1	1.0	-1.4	-3.3
選項C	12.4	8.5	5.6	3.3

需要數據。此途徑能產生簡單又清晰的數字，可支持多個選項的財務評估。平衡計分卡的顯著指標可以指點你該關注哪些面向才能讓你的措施或投資成功，口袋版NPV則讓你對成功之後會獲得多少獎賞做大致的估算。

如果要把顯著指標和口袋型NPV連結起來，通常需要一系列假設和某種模型。這其實很難光用理論來介紹，所以我們改以簡單的圖示為各位解說。接下來照例用範例搭配練習活動的形式，將「顯著指標」、基本模型和「口袋版NPV」串連起來。

簡單數字範例

繼住宿、體驗和餐廳預約服務之後，我們假設Airbnb目前考慮要增加第四項服務——交友。Airbnb Friends這項服務打算幫助人們在他們的旅遊目的地認識在文化、生活、職場等方面有相似品味的新朋友。能促使此服務邁向成功的顯著指標是什麼？用口袋版NPV來分析此服務的各種版本的話，會有什麼樣的結果？

對了，Airbnb為什麼要推行這種服務？假如世界各地的城市主管當局開始強行限制短期出租供應的話，或許可用該服務作為新的收益來源。又或者，讓來到某城市的訪客使用「交友」功能，說不定也是一種可以促使他們採用Airbnb其他既有服務的很棒的管道。

舉例來說，巴黎每年有4000萬旅客到訪，Airbnb在這個城市提供了5萬筆房源。就算每一筆房源每年接待高達60位的訪客，使用Airbnb的人還是只占巴黎訪客的8%而已。若是先讓訪客使用Airbnb Friends（也稱為AirFriends，簡稱AF），說不定能對Airbnb的核心業務產生補強和挹注作用。AirFriends措施在最初階段的平衡計分卡大致如下頁圖所示。

269

財務

- **訂閱**金額（每位訪客）
- 訪客**小費**金額（每小時）
- 訪客**成本**金額（每小時）

顧客

- AF **邂逅對象**人數
- 每位**訪客**的 AF 邂逅對象人數
- 正面**回饋**百分比

巴黎的 AirFriends

流程

- 使用 AF 的**訪客**人數
- 在地的 AF **房東**人數
- 邂逅對象類別（藝術、運動等等）數量

成長

- 每週**邂逅對象／房東**人數
- **不良**邂逅對象百分比
- 可使用 AF 的**地點**數量

　　我們把AirFriends在巴黎大概需要多少志願人士才能配合潛在用戶需求建立了一個模式，並列成如下表格，做進一步的分析。這個模式有若干變數，以Airbnb目前的業務來說，變數為平均每筆Airbnb房源每年接待多少訪客、平均有多少訪客一起旅行、一位房東平均管理多少筆房源等等。以AirFriends構想未來的需求來說，變數則是將來

會使用AirFriends的Airbnb訪客比例、每次旅行的使用頻率等等。

接著我們檢視供應端，並從兩個場域來設想：訪客只有Airbnb房東作為邂逅對象，或者是訪客也可以有機會去認識志願者（志願者可以是身在巴黎的任何人）。

以上十分粗略的模擬分析讓我們清楚看到兩件事。首先，即便訪客的熱衷程度很低（只有10%使用AirFriends，且每次旅行只用兩次），若以Airbnb房東作為可能邂逅對象的供應來源，還是無法滿足需求量，所以AirFriends必須仰仗外部的志願人士。

其次，從十分粗略的估算來看，所需的志願者人數大概是該區域Airbnb總房源數的5%，這表示光在巴黎地區就需要2500位以上志願者。從這個簡單的模式可以看到，AirFriends必須好好努力招募志願者才有機會成功。

巴黎的 AirFriends	需求	供應來源 1 Airbnb 房東	供應來源 2 AirFriend 的 志願人士
Airbnb 所有房源	**50,000 筆**		
每筆 Airbnb 房源的平均 Airbnb 旅行次數	30 次		
每次旅行平均 Airbnb 訪客人數	2.0 人		
Airbnb 訪客人數總計	**3,000,000 人**		
使用 AirFriends 的 Airbnb 訪客百分比	10%		
每位 AirFriend 用戶的平均邂逅對象人數	2 人		
訪客尋求 AirFriends 邂逅對象人數總計	**600,000 人**		
平均每位 Airbnb 房東的 Airbnb 房源數		1.25 筆	
提供 AirFriends 的 Airbnb 房東百分比		10%	
使用 AirFriends 的 Airbnb 房東人數總計		**4000 人**	
每位房東每週提供的邂逅對象人數		0.5 人	
每位房東每年提供服務的平均週數		25.0 週	
每位房東提供的邂逅對象人數		12.5 人	
房東提 AirFriends 邂逅對象的人數總計		**50,000 人**	
志願人士提供 AirFriends 邂逅對象的 人數總計			**550,000 人**
每位志願人士每週提供的 平均邂逅對象人數			5 人
每位志願人士每年提供服務的平均週數			44 週
AirFriends 志願人士人數總計			**2500 人**
AirFriends 志願人士 對比 Airbnb 房源的比例			**5%**

學會戰略性思考

「簡單的數字」練習活動：如何用 Airbnb 交友？

現在各位已經對我們想像出來的AirFriends提案非常熟悉了，接下來就針對一些準備執行的選項建構它們的口袋版NPV。

為了從簡，假設你就是AirFriends的創辦人和執行長，這個業務與Airbnb完全沒有關係。AirFriends只是一個獨立經營的企業，宗旨為連結在地志願者和到訪的觀光客及商務人士，提供他們短暫的文化邂逅。一旦上線營運，AirFriends會動用很多平台（包括Airbnb、Facebook、LinkedIn、Bumble*等等）來吸引參與者，讓這些平台的會員能使用到這項服務。接著我們來評估以下三個選項：

› **A選項：學習語言的好處。**想練習外語的在地人（語言系學生、導遊等等）與外國訪客見面喝酒或用餐，向他們推薦較不為人所知的在地文化祕境［譬如向訪客推薦巴黎的鵪鶉之丘街區（La Butte aux Cailles），而不是巴黎瑪黑區（Le Marais）］。

› **B選項：商業人脈。**某些產業的在地專業人士（顧問、廣告、航空等等）認識來自同一產業的外國訪客，在機緣巧合之下建立國際商業人脈。

---

* 為美國知名線上交友平台，主打特色為「女士優先」，女性握有展開對話的主導權。

› **C選項：人生的雙胞胎。**認識在當地的另一個自己。無論你的年齡、性別、職業等等為何，作為一位訪客，想必至少能在巴黎的眾多志願者當中，碰到一些在背景、文化取向等方面與你驚人地相似的人。和這些人相識就等於開啟一生的友誼之門。

你可以選擇用複雜的Excel模板或簡單一點的口袋版NPV來比較上述三個選項的財務面向。不管用哪一種方法，歡迎各位在www.strategic.how/numbers分享你的解答，我們非常樂意提供意見回饋。

第 10 章
動人的故事

在專案尾聲使用金字塔原理

我們已經在〈金字塔原理〉一章看到芭芭拉‧明托挖掘到說故事的利器。講到在專案尾聲說一個動人的故事，金字塔原理堪稱是最佳的架構。

別忘了，金字塔途徑可以運用在任何專案的兩端：一個是開頭時作為從混亂中創造「清晰」之功能，而現在則是在專案結尾用來支持推薦方案取得「信服」。

比起專案一開始就應用金字塔原理，在專案快結束時使用金字塔原理有一個很大的差別，那就是每一張便利貼前面的「假如」二字消失了。也就是說，到了專案尾聲就不必談「假如」，因為這個階段我們已經有數據，可以有一些主張了。相較之下，專案剛開始的時候會有

很多假設語句，因為當時我們沒有任何數據，所以唯一能做的就是透過假設性的猜測從混亂中整理出結構。比方說，假如「A是成立的」，加上假如「B是成立的」，加上假如「C是成立的」，那麼金字塔頂端的「D」最後就會成真。

在專案尾聲應用金字塔原理的明托原則

芭芭拉・明托提供以下五大原則，可確保你在專案尾聲做簡報解說時能獲得他人的「信服」，我們會依序加以探討。

1. 把構想整理成「金字塔形式」
2. 從「上而下」簡報構想
3. 金字塔中的構想應遵守以下三個小原則
   （1）每一層的構想都是底下構想群的**總結**
   （2）同一組構想屬於**歸納或演繹論證**的環節
   （3）同一組構想都有其**邏輯**順序可循
4. 務必確認**縱向**關係說得通
5. 務必確認**橫向**關係說得通

只要操作過一段時間，你就會對上述的訣竅習慣成自然。接著我

學會戰略性思考

們就來一一深入探討這些原則。

1. 把構想整理成金字塔形式

這項原則的意思是指把你的簡報調整成金字塔的形狀，也就是說，通常在每一個「要素」底下放二或三個要素，以此模式向下堆疊，這便是此技巧稱為「金字塔」的原因。最大的要素放在頂端，下一層放3個要素，再下面是9個要素，然後第三層放27個要素，接下來的層次依序為81個、243個等等。做專案和簡報時，當然鮮少堆砌到243個要素，不過各位應該懂這個概念。你把簡報打造為以要素組成的小金字塔（頂端一個要素，底下再分出二或三個要素）。便利貼最有利於進行此活動，而我通常也將「要素」稱為便利貼。

2. 從上而下簡報構想

請留意，我們已經來到「信服」階段，知道此專案的解答，所以我們現在瞭然於胸且充滿自信。想像一下我們現在在希臘大會場被眾人要求去探查蘇格拉底是否會死，以這個假想情境為例來說明。在這個專案的尾聲，只要我們確知解答，那麼最好的簡報做法就是務必從最頂端著手，清晰明確地陳述這句話：「蘇格拉底會死。」細節待稍後再解釋，以便佐證這個主要論點。

3. 金字塔中的構想應遵守三個小原則

第一個小原則為「每一層的構想都是底下構想群的總結」。我們將主要論點切割成數個可支援此論點的小陳述句。以上述例子來說，各位可以從下圖看到，我們在「蘇格拉底會死」這個主要結論之下，加了「人類終會一死」和「蘇格拉底是一個人類」兩句。由此可見，頂端的概念顯然就是底下兩個概念組的總結。

演繹法

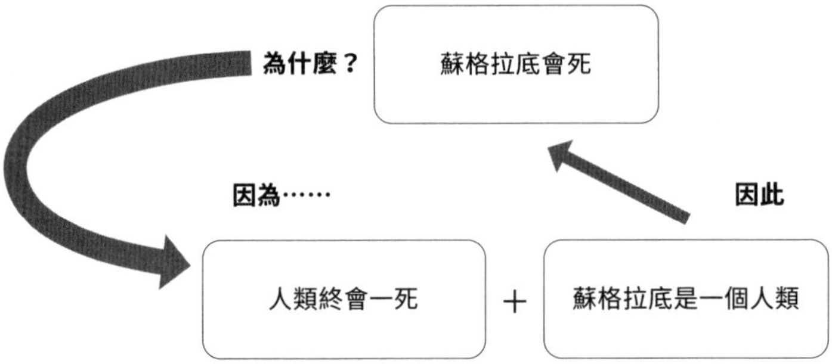

為什麼？　蘇格拉底會死

因為……　因此

人類終會一死　＋　蘇格拉底是一個人類

第二個小原則是「同一組構想屬於歸納或演繹論證的環節」。蘇格拉底的例子就是用演繹論證所建構的小金字塔。

頂端的「蘇格拉底會死」論點是經由推論底下兩個概念的解答而得出的。也就是說，**因為**「人類終會一死」，**加上**「蘇格拉底是一個人

類」，**因此**「蘇格拉底會死」。專案到了尾端的時候，我們必須掌握一些事實才能以這種方式陳述論點的要素。現在我們知道人類終會一死（比方說，因為我們看過太平間），再加上現在我們也知道蘇格拉底是一個人類（譬如因為我們的組員曾訪談他去過的那家健身房的兩位會員）。把這些事實統整起來之後，我們便得以演繹出頂端的解答，即「蘇格拉底會死」。

接下來我們用歸納論證法，來檢驗以「印度是值得全球企業進軍的絕佳市場」主張所組成的小金字塔。如何將這句主要論點分拆成數個元素，以便從中歸納出我們尋求的正面解答呢？

不妨先寫下三張便利貼，分別是「日本企業在印度投資成功」、「德國企業在印度投資成功」和「美國和其他企業在印度投資成功」。只要我們取得這三句陳述的相關數據，且數據傳回正面答案，就能透過歸納法來推論確實「印度是值得全球企業進軍的絕佳市場」。

各位想必已經注意到，歸納法的邏輯比演繹法鬆散，因此產生歧見的機會也比較多。我們之所以有兩種邏輯做法可以選擇的原因在於，有時候某些問題無法用演繹邏輯來處理。

第三個小原則是「同一組構想都有其邏輯順序可循」。這個原則比較主觀一點，主要與說故事有關。就上述的歸納範例來講，如果你向日本人做簡報，一開始理應會從「日本企業在印度投資成功」講起，

歸納法

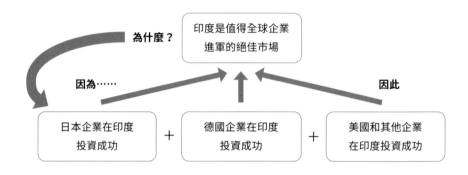

而簡報對象若是德國人的話，想必你會把前兩張便利貼的講解順序調換一下。橫向構想的順序安排應該是左邊先放上最重要的便利貼（主觀看法），然後把另外兩張擺在右邊，說故事時從左講解到右對觀眾來說是最合理的順序。第四個原則就比較客觀。

4. 務必確認縱向關係說得通

　　這一點如何做到？方法已經出現在上述兩個小金字塔的範例當中，只要利用「為什麼」、「因為」和「因此」這些字詞即可。用這幾個字詞就可以建構一個三角形。「蘇格拉底會死」，**為什麼**他會死？**因為**「人類終會一死」，**加上**「蘇格拉底是一個人類」，**因此**「蘇格拉底

280

會死」。「為什麼」、「因為」、「加上」、「因此」這四個字詞構成了出各層次的縱向關係。

5. 務必確認橫向關係說得通

這一點如何做到？用演繹來論證的話，第二個重點必須對第一個重點做評論。以「蘇格拉底是一個人類」、「人類終會一死」來說，後者的「人類」評論的正是前者的「一個人類」，所以這個講法是說得通的。如果用歸納論證法，就必須確定你可以將所有的元素都總結成「**複數**」，譬如最後得出「**很多國家**的企業在印度投資成功」的陳述，因此這也說得通。

總結

以上就是你在專案末期的「信服」階段應用金字塔原理時，需要遵守的五個簡單原則。當然，你也可以提前在專案初期就開始使用其中幾個原則。舉例來說，當你準備針對某張便利貼建置新的下一層時，不妨演繹和歸納邏輯法都試試看，找出整理該問題的最佳做法。這些原則用在初期階段非常實用，用在專案尾聲的話則是能否把故事說得動人的關鍵要素。

金字塔用於整個專案的範例

以下是哈雷戴維森範例的專案初期和尾聲所設想的金字塔結構圖，從中可以注意到，兩個結構圖的唯一差別就在於兩組重點字。初期時會用「假如」和「那麼」，一旦有了數據支持，專案結束時的重點字詞就會變成「因為」和「因此」。「假如」和「那麼」會讓故事聽起來可信，「因為」和「因此」則讓故事令人信服。

有時候專案進行的過程中所收集的數據並不支援金字塔的某個元素。舉例來說，假設我們在哈雷戴維森專案一開始寫了一張「（歐洲服飾）市場成長率看好」的便利貼。（請注意：這是金字塔底層從左邊算過來的第二張便利貼。）但後來我們發現其實市場成長率呈現疲軟怎麼辦呢？我們收集到的事實雖然最終並不支援最初所寫那張便利貼的看法，不過這並不會破壞整個合理性。既然現在有了這項事實資訊，就可以把當初的「市場成長率看好」改成「市場成長率緩慢」。上一層的歐洲服飾市場「很有吸引力」就順勢改成「有點吸引力」，而頂端的建議方案則從「大動作」進入市場改成「謹慎」進入市場。

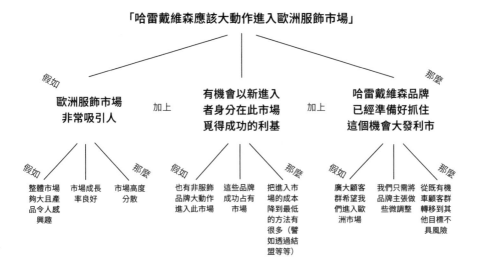

專案初期

「哈雷戴維森應該大動作進入歐洲服飾市場」

假如　　　　　　　　　　　　　　　　　　　　　那麼

歐洲服飾市場非常吸引人　加上　**有機會以新進入者身分在此市場覓得成功的利基**　加上　**哈雷戴維森品牌已經準備好抓住這個機會大發利市**

假如　　　　　那麼　　　　　假如　　　　　那麼　　　　　假如　　　　　那麼

整體市場夠大且產品令人感興趣　市場成長率良好　市場高度分散　　也有非服飾品牌大動作進入此市場　這些品牌成功占有市場　把進入市場的成本降到最低的方法有很多（譬如透過結盟等等）　　廣大顧客群希望我們進入歐洲市場　我們只需將品牌主張做些微調整　從既有機車顧客群轉移到其他目標不具風險

專案尾聲

「哈雷戴維森應該大動作進入歐洲服飾市場」

因為　　　　　　　　　　　　　　　　　　　　　因此

歐洲服飾市場非常吸引人　加上　**有機會以新進入者身分在此市場覓得成功的利基**　加上　**哈雷戴維森品牌已經準備好抓住這個機會大發利市**

因為　　　　　因此　　　　　因為　　　　　因此　　　　　因為　　　　　因此

整體市場夠大且產品令人感興趣　市場成長率良好　市場高度分散　　也有非服飾品牌大動作進入此市場　這些品牌成功占有市場　把進入市場的成本降到最低的方法有很多（譬如透過結盟等等）　　廣大顧客群希望我們進入歐洲市場　我們只需將品牌主張做些微調整　從既有機車顧客群轉移到其他目標不具風險

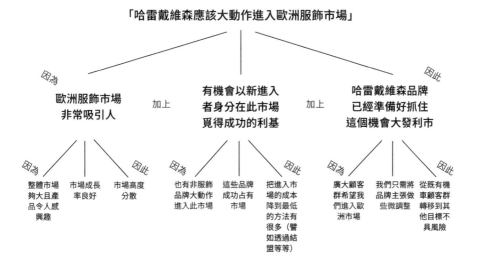

283

從以下這張圖可以看到，我們只需要修改幾個字詞（也就是黑色方塊裡的字詞），就可以將之前的金字塔改成符合現實的新版本。最後的推薦方案會隨著這些事實而改變，但簡報的架構維持不變。

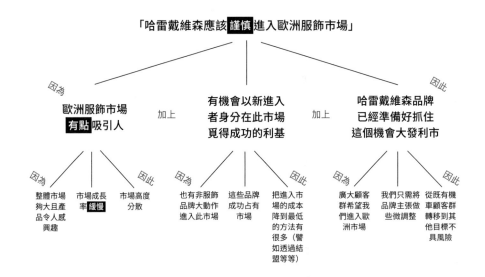

有戰略思維的人能夠在整個專案歷程中應用金字塔原理。首先，專案一開始先在作業頁面頂端以最渴望的結果來建置初版的金字塔（這個部分已經在〈金字塔原理〉一章中詳細討論過）。接著，等取得數據之後再調整金字塔中的文字。最後到了專案尾聲，已經有實際的

結論和推薦方案出現的時候，則用五個原則進行說服力十足的簡報。

瑞士小刀是一種從事各種旅遊冒險活動時，十分適合隨身攜帶的工具，而優質的金字塔就有同樣的功能。現在我們來探討一個音樂業務邁向成功的歷程的例子。假設現在有一家大型音樂唱片公司，譬如環球（Universal）、華納（Warner）或 Sony BMG 等等，想在你的國家奪下聖誕節金曲排行榜上第一名的寶座。

各位應該都可以想像得到，以「熱賣導向」型的產業（影片、時尚、音樂、製藥、出版等等）來講，有很多企業一直汲汲於熱賣產

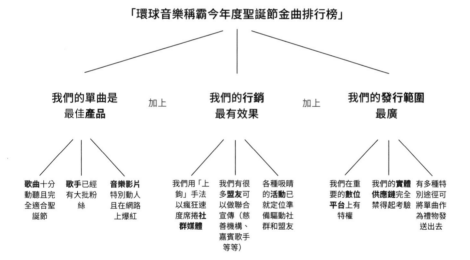

「環球音樂稱霸今年度聖誕節金曲排行榜」

我們的單曲是最佳**產品**　　加上　　我們的行銷最有效果　　加上　　我們的發行範圍最廣

歌曲十分動聽且完全適合聖誕節

歌手已經有大批粉絲

音樂影片特別動人且在網路上爆紅

我們用「上鉤」手法以瘋狂速度席捲**社群媒體**

我們有很多**盟友**可以做聯合宣傳（慈善機構、嘉賓歌手等等）

各種吸睛的**活動**已就定位準備驅動社群和盟友

我們在重要的**數位平台**上有特權

我們的**實體供應鏈**完全禁得起考驗

有多種特別途徑可將單曲作為禮物發送出去

品。金字塔原理可以發揮絕佳效果，在專案一開始將該如何獲取此熱賣產品的一切條件整理出來。從一層又一層的金字塔結構中，你一定會因此對達成自己追求的結果所需的各種任務、資源和流程有更清晰的概念。

上頁金字塔是四位對音樂產業完全沒有專業資歷的人，在我主持的一場現場訓練課程中，於45分鐘之內所構思出來的。這個可能的解決方案看起來相當有說服力，不管是在專案初期（努力讓單曲變成熱門金曲）或專案尾聲（解釋為什麼以及如何可以讓單曲爆紅）。還請留意一點，這個金字塔不能保證單曲一定會在聖誕節成為熱門金曲，但是它出色的架構除了可以用來要求投資（譬如社群媒體、影片、實體發行等等），也有利於你解說將如何達成自己尋求的結果。

就算是對音樂只有一時興趣的人，應該也不會覺得環球音樂這個練習活動太難。各位不妨幾週後再試試看製作另一個金字塔結構（先別重讀以上兩段內容！）。假如你是在另一種熱賣導向型的產業工作，問問自己如何在所屬產業做出稱霸第一的產品，比方說熱賣的電玩、爆紅的應用程式、第一名的顧問產品等等。看看你能否採用這個金字塔並加以改製，以便你說出動人的故事。

學會戰略性思考

廣告效果

戰略問題有各種形式與規模，不過唯一的共同特性就是主要著眼於「未來」，以及數據多半稀少且不可靠。在此背景下，說服第三方支持你的結論絕非易事。

到目前為止，我們已經看到了具衝擊力的文字（NLP語言、十大說服法）、簡單的數字（顯著指標、口袋版NPV），以及富有成效的說故事架構（金字塔原理）有多麼重要。最後，我們需要一個把這些技巧統整在一起的要素，那就是加上一點廣告效果。

廣告圈（Adland）就是指廣告產業及其所有環節的簡稱。舉例來說，行銷總監希望提高特定產品曝光度；創意廣告商製作的廣告有令人嘆為觀止的畫面和風趣的文案，動人至極；媒體代理商購買多種管道的廣告時段與空間，以利觸及目標觀眾等等。這些全都是廣告圈的一部分。

廣告圈的業務就是說服觀眾。換句話說，廣告圈的任務在於說服人們認同某個訊息——通常只花一點點時間，有時候會一再重複。這個圈子所汲取的數個致勝的簡單原則，是我們可以借鏡的。畢竟，在Instagram上用兩秒鐘時間抓住青少年的注意力，雖然不同於你在公司花數小時或數月的時間說服全都是中年人的董事會，但是有些技巧其實是一樣的。

以下我想將自己用了一段時間之後，發現最有效的三個技巧與各位分享。

三字詞摘要

以三個字詞做摘要的構想十分琅琅上口。你的同事、顧客或老闆不需要看完整份企劃案的基本資料才能廣為宣傳，只要把三個字詞重述一遍就好。你應該還記得NLP語言那一節的介紹，三字詞摘要特別適用於對聽覺或動覺有強烈偏好的人（因為在茶水間和別人閒聊時，可以透過口耳相傳的力量把三字詞摘要分享出去──不管是實體茶水間，還是性質類似的數位空間，譬如Slack、Microsoft Teams、WhatsApp等等）。

有不少產業都用三字詞摘要來稱呼新構想或既有提案。廣告圈對出色的三字詞廣告口號情有獨鍾，譬如Nike的「做就對了」（Just do It）、肯德基的「吮指回味」（Finger lickin' good）、英國航空（British Airways）的「世界最愛的航空公司」（World's favourite airline）等等。創業投資人和科技界也經常使用三字詞摘要來簡稱新投資案的名稱，例如「遛狗版的Uber」（Uber for dogwalking）、「停車位版的Airbnb」（Airbnb for parking spaces）、「點一下藥就來」（Meds on tap）等等。這種方式很容易讓人聯想起整份簡報。電影產業同樣也時常用簡單扼要的描述來點出拍攝中電影的精華。有時候，這種俐落的摘要會一路

用到片名上，像《飛機上有蛇》（Snakes on a plane）或《攜槍流浪漢》（Hobo with a gun）。無論在何種背景之下，三字詞（或四個字詞）摘要可以當作練習活動，你設法汲取簡報內容的精髓，將之寫成讓人更加難忘的三字詞摘要。

一個簡單的畫面

圖像勝過千言萬語。這一點大家都知道，甚至早在世上有1/3以上的人有強烈視覺偏好——也就是指這種表象系統真的非常適合他們——被揭露之前，我們就已經對圖像的威力瞭然於胸。

當商業與學術交會之時，若能有簡單的畫面相伴，必可讓新觀念更加暢行無阻。以下的五力分析圖（Porter's Five Forces）就符合這樣的條件，「戰略思考的雲霄飛車」也一樣（但願對各位而言也有同樣的效果）。

最近我有一個客戶希望能說服數千名員工，凡事為顧客著想是一件非常重要的事情。他們必須真正實踐以顧客為本，而不是光說不練。執行長向組織上上下下做了出色的簡報，內容不但豐富且說服力十足。簡報解說了這次變革的理由，強調新的程序，也示範了革新為每個人帶來的好處。每一次談話，她都會用底下的圖片做結束。一張俐落、清晰又令人印象深刻的圖片，勝過千言萬語。

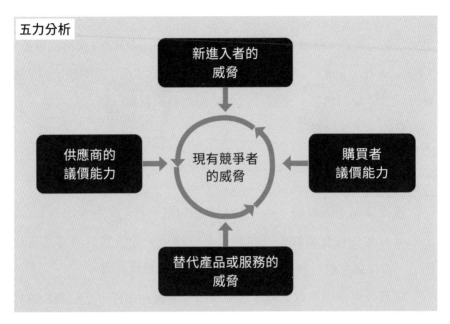

五力分析

- 新進入者的威脅
- 供應商的議價能力
- 現有競爭者的威脅
- 購買者議價能力
- 替代產品或服務的威脅

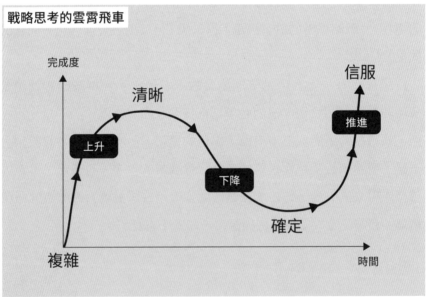

戰略思考的雲霄飛車

完成度

清晰

上升

信服

推進

下降

確定

複雜

時間

產品導向　　　　　顧客導向

添加兩位人物

　　商業文件很容易就讓人心生乏味，想想看那些Excel試算表、法律聲明、管理術語等等。你作為一個人類，努力要說服其他人類支持你，希望他們能認同你的團隊所擬定的推薦方案，這個事實往往很容易被忽略。有鑑於此，如能在說服過程中導入幾個與人有關的元素，必定大大有利於你把故事說得更動人。

　　假設你目前正在協助某投資者收購英國某足球俱樂部的股份，他們想瞭解英格蘭足球超級聯賽的營業額與成功之間的關係。可想而知，你會收集很多歷史數據並做廣泛分析，再利用聰明的散布圖呈現趨勢線。或許廣受歡迎的權威人士蓋瑞・萊尼克爾（Gary Lineker）說

過的一句簡單扼要的話，所含的量化數據不及你的分析，但引用它卻能增添「人情味」，對故事的說服力發揮更多質化的影響效果。

在不少商業環境下，人情味最好由顧客、員工或同業競爭廠商來提供，別從名流著手。理想做法是挑選一些代表性的人物，為你的分析與推薦方案賦予人性化的面貌。如果只挑一個人物的話會比較冒險，因為也許會有你並不清楚的特定問題，而無法發揮他們原本所具備的代表性。相對來講，用三個人物的話會讓想表達的觀點變雜，而減弱訊息的強度。因此，加入兩個人物恰到好處。

BBC 權威人士
蓋瑞・萊尼克爾

「過去三年來，英超聯賽前五名都去了最富有的俱樂部。」

學會戰略性思考

我將上述內容摘要如下：**一個畫面、兩個人物、三個字詞**。

最後，如果沒有提到音樂、色彩、重複等等元素的話，廣告效果就不能算完整。廣告專業人員會用多種技巧抓住人們的注意力，獲取大家的認同。這些技巧不在本書討論範圍，但我想請各位閱讀大衛・奧格威（David Ogilvy）、約翰・赫加蒂（John Hegarty）或賽斯・高汀（Seth Godin）等人的著作，自行加以探索。

「動人的故事」練習活動：如何讓組織更具戰略性？

假設你獲派一個任務，必須設法讓組織更具戰略性。基於此練習活動的目的，你的組織有可能是10人團隊、有100位同仁的新創公司、有1000名顧問的顧問公司，有1萬名志工的非營利組織，或者是有10萬名員工以上的跨國企業。

找出推薦方案的時限，取決於組織的規模與專業，因此從數天至數月都有可能。但有一點不會變，那就是你有四種方法可以解決這個問題：專業、分析、創意和戰略方法。

若循專家方法，你可以邀請幾位外部專家來提出想法，根據他們的資歷與做法甄選出其中一位，然後請這位專家抓出進行路線。從分析方法著手的話，則不妨衡量實力相當的同類組織、訪談內部利害

關係者等等，然後將這些數據加以分析，花一些時間慢慢斟酌一個周全的推薦方案。創意做法大概就是聚集一些人，快速產生幾個促使組織更具戰略性的可能路徑，再請大家仔細思考每一個選項，最終根據個人風格、偏好和形成的共識來挑出他們最喜歡的途徑。

最後一個是戰略方法，在此我會建議各位使用「雲霄飛車」途徑。先從「上升」階段開始。快速產生多個選項之後，再經由「下降」過程將選項對照嚴苛的現實數據（文字、數字、行動），最後來一次優質的「推進」，包裝你的推薦方案。

有些組織適合製作50頁的PowerPoint簡報檔來支持推薦方案，有些公司則偏好用三字詞的口號來解說。不妨回顧一下Apple這些年來的公開簡報（由賈伯斯和提姆・庫克擔任主講），你會注意到，他們最喜歡用幾張簡單的投影片打動觀眾，每張投影片有一張很大的照片和很大的數字。反觀亞馬遜，則最好用是六頁的敘述型備忘錄來做簡報。折衷做法或許就是以三張投影片為一組來簡報，如下圖所示：一頁執行摘要（大部分是文字敘述），一張指標平衡計分卡（大部分都是數字），再加上一頁由27張便利貼組成的金字塔（以故事形式為基礎）。

請各位將你針對此練習活動所做的解答分享到www.strategic.how/story，我們非常樂意提供回饋意見。不妨多多利用NLP語言、十大說服法、口袋版NPV、顯著指標和廣告效果！

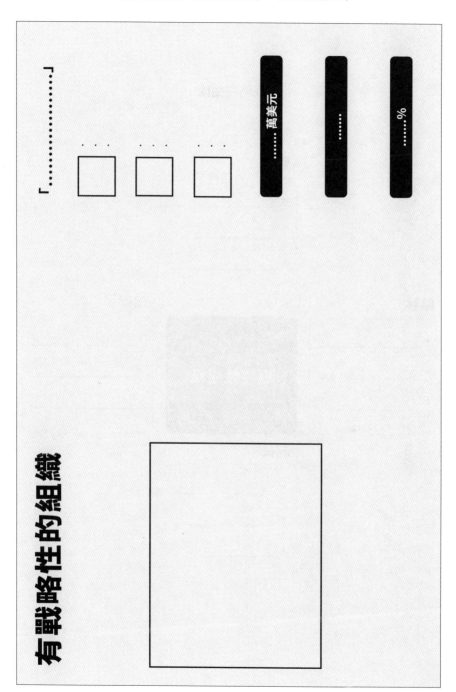

有戰略性的組織

萬美元

％

戰略性組織

財務

- _____
- _____
- _____

顧客

- _____
- _____
- _____

戰略性組織

流程

- _____
- _____
- _____

成長

- _____
- _____
- _____

學會戰略性思考

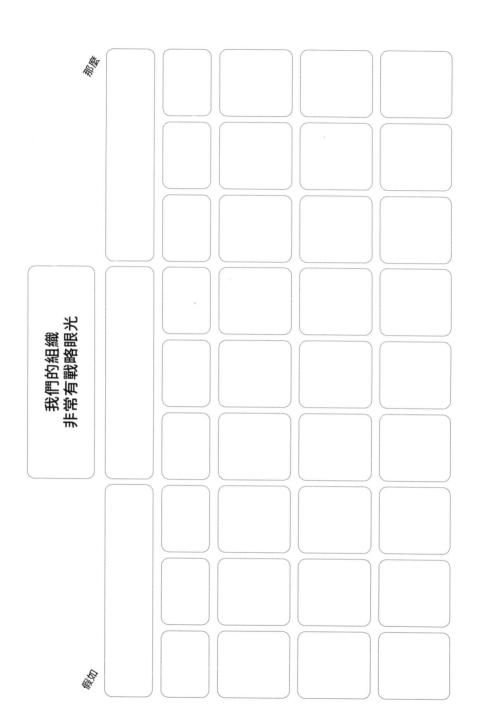

那麼

我們的組織
非常有戰略眼光

假如

PART FIVE

如何持續精進
戰略思考能力

重複

現在就快來到本書的結尾，無論你是否讀過每一章節，此時應該已經有了新的洞見、新的思維模式，也掌握了豐富的工具技巧。

所謂的「洞見」是指有四種解決問題的方法，而戰略方法是最為重要，也是最缺乏練習的技巧。新的思維模式則是指解決戰略問題時必須歷經「戰略思考的雲霄飛車」，通過「上升」、「下降」和「推進」三個階段。豐富的工具技巧包含了適用於「雲霄飛車」各階段的技巧：「上升」的金字塔原理、快樂線和突變遊戲；「下降」的報償分析矩陣、環境分析和精實創業；「推進」的NPL語言、顯著指標、廣告效果等等。

等你放下這本書的那一刻，就是實地去應用這本書的時候了，不管是在生活或職場上。以下提供各位五個建議，可確保自己不忘學習。

› **做做看每章結尾的練習活動。**不做書裡的練習活動，純粹從頭讀到尾並不是難事。現在已近尾聲，此刻正是回顧你的每一步，實際投入心力做練習活動，讓學習扎根的時候了。

› **找「夥伴」一起練習。**各項以學習新技巧的效率為主的研究，都強調了有同儕夥伴一起學習的重要。致贈一本《學會戰略性思考》給你尊敬的某個人，互相檢討為本書練習活動所做的解

答、比較所用的技巧等等。

› **多多閱讀。** 自比爾‧蓋茲以來，很多極為資深又成功的主管都特別重視閱讀睿智又值得深思的商業書籍。未必每天都讀，但至少偶爾該讀一本。所以，各位的書桌上至少一定要有一本這樣的書籍敞開著。

› **反覆琢磨下一章的五大訣竅。** 這五個提升戰略思考能力的重要訣竅，試圖為你打造現代版的「疊疊樂」。我從30個建議著手挑選，一一將最沒用處的方法去除，最後留下五個最精華的建言。

› **準備好使用更高階的技巧。** 本書旨在提供各位十幾種技巧，幫助你「學會戰略性思考」。當你實際於生活和職場加以應用之後，成果很快就會顯現。然而，一旦門檻變高，你就需要進階的技巧來因應更高層次的問題解決活動。屆時 Google 可以幫上忙，《哈佛商業評論》也同樣能派上用場，另外本書的網站上也提供了一些非常實用的資源。

　　打個比方來講，精進解決問題的戰略技巧就像學習新語言一樣，而此前的各個章節已經提供各位「文法」和很多「新字彙」。接下來最後一章要為你導覽日日都在做戰略思考的人所具備的幾個重要文化層面。

第 11 章

五大訣竅提升戰略思考能力

訣竅一：第三個方案往往是最佳解答

為什麼腦海中浮現的第一個構想通常不是最佳方案呢？我不知道原因，只能說回顧這些年來各專案達成最終解決方案所採取的路徑，我經常發現第一批的解答或選項，鮮少是最後會成功的選項。說不定你也注意到這一點？

不過，這種狀況僅適用於比較戰略性的問題，假如碰到的是專業知識可以派上用場的問題，那麼專家的第一個選項往往就是非常理想的選擇。專業的定義莫過於此！要是問題更複雜一點，兩位專家提出不一樣的見解或選項來辯論，也許最後他們會在折衷方案上取得共識，即第三個解決方案。這樣說起來，為什麼問題愈複雜，就更有可能發生第一批選項不如後來選項的情況呢？

先前〈NLP語言〉這一節曾討論過，不同的表象管道偏好會影響人們處理資訊的能力。NLP還有另一個洞見，那就是我們的「自我對話」也會影響到我們解決問題的能力。

假設你在尋找一個解決方案，而且就在剛剛你找到了一個。你內心的聲音可能會一連對你說（A）「太棒了，明日之星啊，可以收工了！」，再來是（B）「真是個好的開始，還有其他選項嗎？」，甚至會告訴你（C）「這應該不是解答吧？這件事對你來說太難了，你恐怕找不到其他選項了」。

這場自我對話就像有位教練在腦海裡對著你說話一樣，又好比是天使與惡魔坐在你肩上。A教練全心全意支持你，B教練稍微收斂一點，C教練非常挑剔。從解決問題的角度而言，A和C都是極端，不是最理想的教練。雖然這兩者的意向截然不同（強力讚美對上強力批評），但這兩種途徑卻都有可能導致你過於自滿或灰心沮喪，而不再繼續尋覓其他選項。從另一方面來看，B教練肯定你到目前為止所做的努力，但又稍稍施加了一點壓力驅策你繼續尋覓。

這種自我對話彷彿是在不知不覺中出現的，但NLP有一個現在已經被廣為採納的發現，那就是我們人其實是可以控制這場對話的。認知行為療法是過去30年來最成功的治療形式，這種療法正是以此發現為基礎發展而來的。這個療法的主張是，只要把一個人對自己所用的

303

用語稍微改變一下，就能稍微改變這個人因此所體驗到的情緒，進而能稍微改變自己的行為，讓自己的情緒變得更好等等。這種回饋迴路用在飽受身體形象、成癮、焦慮、憂鬱症等問題之苦的人身上，往往特別有效。相較之下，解決問題的焦慮感屬於非常簡單的問題，所以更能夠成功改變一個人自我對話的方式，以達到更正面的結果。雖然這樣做不能保證你會取得解決方案，但卻是一個好的開始。

說到有何辦法可以馬上增強解決問題的戰略技巧，你可以在自我對話時問自己這個很有效果的問題：「這個問題有哪兩個極端的解決方案？」

如果問自己「這個問題有兩種不一樣的解方嗎？」，你可能會因此猶豫、納悶或回答「我不知道」。不妨改用「這個問題有哪兩個極端的解決方案？」這樣的提問來提升大腦的優勢，將你面對的戰略性問題當作一種可以破解的謎語，而不是巨大的黑洞。這個好提問有一個前提，那就是兩種極端選項是存在的，只需要把它們找出來即可，就像找復活節彩蛋一樣。如此一來，當你找到第一個選項之後，內在的自我對話不會呼喊勝利，而是慶賀你找到第一個彩蛋，接著會要你繼續尋覓。

接下來，請告訴自己第二句話：「第三個方案往往是最佳解答。」為什麼呢？首先，因為這句話可以重新激勵你和你的大腦，驅策你再

多努力一點去尋找第三個理想的解方。其二，你的專業資歷或許已經讓你看出來，很多致勝解方往往就是先前檯面上某兩個極端選項的折衷方案。第三個方案往往是最佳解答的原因就在於此。

最後，之所以要告訴自己「第三個方案往往是最佳解答」，還有另外一個更強大的理由。當你手上有三個方案可以斟酌的時候，我不能保證第三個方案就是最佳選項，但我可以保證，此時的你已經很清楚我們周遭其實找得到各種選項。這樣說起來的話，第四個絕佳構想說不定正等著我們去發現的機率有多高？想必很高，這表示值得多花一點時間去探索。

大部分的人需要一些時間，才能接受他們針對複雜的問題所想出來的第一批選項並非最佳選項。不過，只要領會這一點之後便可清楚看到，著手處理複雜問題的最佳做法就是先快速「上升」達到「清晰」，找出三或四個初期選項。

總而言之，第三個方案往往是最佳解答，即便該解方未如預期，但快速找出第三個解方對於提高解決問題的機率大有助益。

訣竅二：小團隊用「上升」、大團隊用「下降」

說到在組織裡解決戰略性問題時，經常會碰到「我們應該請多少人來幫忙解決 X 問題」這種典型難題。這個難題又涉及到一些附帶

問題，譬如應該找哪些人、會議該如何進行（是全員圍著一張大桌子開會，還是突破形式，分成幾個小組討論等等）。簡單講就是「多少人」、「哪些人」和「何種形式」的問題。

在回答這三個問題之前，我想再補充第四個應該考量的層面，即「氣質」。大致上來講，解決問題的人主要有三種氣質，不管你是從自己的朋友同事圈抓出模式，或者向米恩（A. A. Milne）所寫的《小熊維尼》（*Winnie-the-pooh*）借用其書中的角色「跳跳虎」、「屹耳」和「維尼熊」也可以。一個人如何處理新問題，多半取決於這個人的個性，而你通常也猜到了，各個團隊成員在解決問題的過程中會有什麼樣的貢獻，端視這些成員實際上是屬於跳跳虎、屹耳還是維尼熊那一類的人。

跳跳虎最顯著的個性就是活繃亂跳。他既好動又喜歡玩樂，不怕失敗，也不介意嘗試新事物。如果失敗了，他會開開心心、蹦蹦跳跳地踏上新的冒險。跳跳虎是這樣說的：「這就是跳跳虎最厲害的地方，呼呼呼呼！」在問題解決活動的「上升」階段或結尾的「推進」階段，跳跳虎都是最開心、最有用處的角色。

反觀驢子屹耳，他始終都很憂鬱，他的杯子總是只有半滿，眼裡總看到烏雲，而不是烏雲的鑲金邊。不過話說回來，屹耳十分謹慎，不會上當，也從來不相信未經周全考慮的新構想。為什麼？因為他認

學會戰略性思考

為天下沒有白吃的午餐。屹耳憂鬱的個性會拖垮團隊，但又能找出新構想中的瑕疵。因此，屹耳在問題解決活動的「下降」階段是不可或缺的重要角色。

最後談到維尼熊，他個性穩定，既討人喜歡又充滿愛心，總是試著看到別人的優點，讓事情順利進行。維尼熊克服每道難關，喜歡平衡的生活。大家都尊敬他，也喜歡他。維尼熊是一個擅長團隊合作的角色，可以確保過程平穩，在專案的「上升」、「下降」和「推進」三個階段都能出手相助。

有鑑於此，我建議任何的戰略性問題解決活動務必在任務的人力配置上，至少要有1/3跳跳虎型的人。若能平均配置三種個性的人員則最為理想，因為跳跳虎適合推大家一把，屹耳可以找出瑕疵，維尼熊可讓事情順利進行。

總共需要多少人呢？視情況而定。大部分的任務團隊或會議都會納入公司不同職務的代表，譬如特定職位的專業人員（策略、行銷、財務、銷售等等）、各市場（本國市場、既定市場、新市場等等）或任何其他單位。通常算下來人數會立即飆升，這對問題解決的「下降」階段未必是壞事，因為參與討論的人愈多，就會愈快找出構想的缺陷。從經驗來看，會議人數約12到16人，基本上可以把豐富的專業和個人想法做最有效的發揮。超過這個人數的話，大家就會覺得很難

盡心盡力了，或許是因為輪到他們說話或有所貢獻的機會太少所致。如果是在新創公司的環境下（或比較大型組織的新創模式中），人數減至四到六位或許可取得最多觀點。

各位會發現，本書〈上升〉所探討的三個技巧各需一小時來完成，且至少需要四個人。小團隊進行得比較快，因為小團隊可以顧及到每位參與者的貢獻，要不然會出現令人尷尬的冷場。另外，小團隊進行的速度也比較快。如果是人數比較多的大型會議，每次只要有人提出不錯的構想，至少總會有一個人馬上予以否決。

問題形形色色，每一家公司也各有千秋，只要把這一點謹記在心，那麼能發揮最佳效果的做法通常不離以下原則：

> 任務團隊以12到16人為主

> 開兩次會，一次一小時，相隔數週

> 召開第一次會議前，問題負責人先將描述問題的備忘錄發給大家。數據不要太多，最多半頁

> 第一場會議以「上升」作業為主。將參與者分成三或四個小組，每組四或五人。隨機把不同職務和資歷的同仁分在同一組，但務必確認每一小組至少要有一位「跳跳虎」

> 各小組開始同步作業（使用相同技巧），15至20分鐘後交換，

以便取得新的診斷和產生新的構想

› 每位參與者票選他們本身最愛的三個構想（自己的構想不算）

› 問題負責人把列出了五到十個最佳構想的備忘錄發給大家。每個
  構想附上一些文字說明，並取個動聽的名稱，製造正面的氣氛

› 第二場會議的重心放在「下降」作業。全員一起進行，務必確
  認任何目標都不放過，並立即據此採取行動

› 問題負責人發派任務給此任務團隊裡的三個小組，於會後推進
  最終勝出的三個最佳構想，各小組各負責一個構想

結論：小團體用「上升」，大團體用「下降」。

訣竅三：便利貼的效果比筆強大

假設你正主持一場會議或工作坊，目的是破解複雜的戰略性問題，不管這個問題是屬於你的團隊、你的職務、你的部門還是整間公司等等。你請來12到16人，也把他們分成幾個小組準備進行「上升」活動。接下來要怎麼做？請參與人員站起來。

大多數人的工作習慣，對戰略性問題解決活動的「上升」作業其實沒有助益。沒錯，一般人工作時多半自己做自己的，坐在筆電前面一句話也不說。等你變得更資深之後，你會發現自己大部分時間都坐

著，但不再默默獨自工作，而是整天都在開會、聽別人講話，然後等著輪到你發言。雖然這種說法過度簡化了，但離現實也不會太遠。

　　坐在辦公桌前的工作模式，有利於高工作效率的直線式產出；坐著開會則適用於大家合作做出決策。然而，這兩種途徑不但對必須發揮右腦的直覺創意發想活動沒有好處，也不適合運用在左腦型、需要條理的計畫性構想產生。

　　首先，眾所周知大多數的創意活動都是由各種身體姿勢產生，譬如懶洋洋的姿態或站起身來，很少是坐著時出現。不少經典名曲的誕生，就是歌手深夜歡鬧之際，慵懶地躺在沙發上隨意用吉他撥彈幾個和弦而來的。無獨有偶，很多創意瓶頸也都是公園裡散個步、跑一跑或淋浴時突破的。

　　拿淋浴來說吧，奧斯卡獎得主編劇艾倫・索金（Aaron Sorkin）一天沖澡多達八次。艾倫・索金是電視影集《白宮風雲》（The West Wing）、《社群網戰》（The Social Network）和《新聞急先鋒》（The Newsroom）的作者，他自從發現自己經常在淋浴時想到最佳點子之後，就在辦公室裡裝了一間小淋浴間，為的便是抓住自己的創意泉源。他說：「我一天要淋浴六到八次。我沒有潔癖，事情不是那樣，純粹是因為我發現淋浴十分提神，還有寫作不順利的時候，淋浴一下會有煥然一新的感受……我會去淋浴，然後換一套新衣服重新開始。」

310

一般人沒有在辦公室裝淋浴間的奢侈，不過我們可以從這個洞見汲取靈感：很多新構想都是在人站著的時候冒出來的。另一個洞見應該就是，構想絕對不會完整具體地出現在我們眼前。第一道靈光乍現之後，必須一再地修改和打磨。

假設你已經針對金字塔練習活動擬定草稿，如下頁圖所示。你是專案的領導人，有一位團隊成員剛剛提出了一個會改變草稿結構的建議。接下來你該怎麼做？這時你大概會根據建議的好壞以及目前做出這個草稿所用的工具來因應。

想像一下現在底下的小金字塔總共有三種：一個是以紙筆寫成的紙張版，一個是用水性馬克筆在白板上寫成的白板版，第三個是在窗戶或牆上用便利貼構成的便利貼版。

便利貼版若需要修改，直接動手即可，所以團隊成員提出的新建議很容易就能被接受，不必費什麼勁。無論是什麼建議，也不管這個建議有多微小，你和團隊都會當作是能改善目前初版結構的建言而欣然接納。只要另外拿一張便利貼寫上建議，再把其他幾張便利貼挪一下位置就成了，新的金字塔草稿十秒鐘內就出爐了。

反觀另外兩種工具（紙張和白板），若是想修改目前的草稿就比較麻煩了。原本乾乾淨淨的草稿（紙張）上，會有亂七八糟的塗寫記號，又或者必須擦掉整段重寫，才能把新的意見加進去（白板）。我

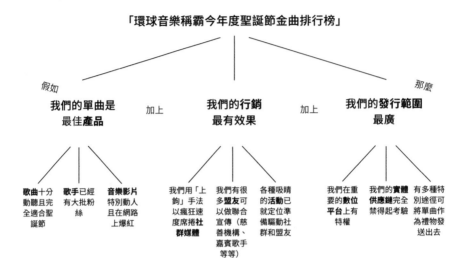

「環球音樂稱霸今年度聖誕節金曲排行榜」

假如　我們的單曲是　加上　我們的行銷　加上　我們的發行範圍　那麼
　　　最佳**產品**　　　　　　最有效果　　　　　　最廣

歌曲十分動聽且完全適合聖誕節

歌手已經有大批粉絲

音樂影片特別動人且在網路上爆紅

我們用「上鉤」手法以瘋狂速度席捲**社群媒體**

我們有很多**盟友**可以做聯合宣傳（慈善機構、嘉賓歌手等等）

各種吸睛的**活動**已就定位準備驅動社群和盟友

我們在重要的**數位平台**上有特權

我們的**實體供應鏈**完全禁得起考驗

有多種特別途徑可將單曲作為禮物發送出去

看過太多因為使用的工具不容易做修改，導致主持人對微小建議心生抗拒的狀況。換言之，團隊成員提出的建議變得不容易被接受，結果讓很多想發表小建議的成員感到灰心。這種狀況會發生在各種技巧的運用上（譬如快樂線、突變遊戲、精實創業等等）。團隊選擇用何種工具來取得工作進展，會連帶影響到該團隊的各種態勢和最終產品的終極品質。同樣地，團隊選擇的「姿勢」也有一樣的作用。

　　結論：便利貼的效果比筆強大，如果請大家站起來用便利貼做活動的話，威力會更強大！

312

訣竅四：先票選再辯論

戰略性思維的陰陽兩面分別是擴散性思考和聚斂性思考。一個是把氣吐出去，一個是把氣吸進來。

> **擴散性思考**擁抱差異，吸引複雜性，激發各種選項，糾結於枝微末節以求創造更多樣的變化。
> **聚斂性思考**以盡快取得單一結果為目標，著重工作效率，具決斷性，對時間與預算的耗盡有所警覺。

就我的經驗來說，典型的會議安排以聚斂性思考為目標，但最後卻往往事與願違落入擴散性思考場域。有一個簡單理由可以解釋這種情況：討論不同觀點時本來就會製造各種分歧想法。在未加留意的狀況下，兩個觀點大致相同的人有可能因為想法上的一點點小差異而對同一個問題討論五分鐘之久。有鑑於此，最好有一個人能積極控管會議進度，有利於「吸氣」和「吐氣」，在一個小時的會議期間得以連續「擴散」和「聚斂」數次。「戰略思考的雲霄飛車」每一個階段都會經歷多次擴散性思考和聚斂性思考。

譬如「快樂線」的練習活動，就是以擴散性思考出發，每位參與者想出一個別人尚未想到的關鍵購買指標（KPC）。這種從目前的路徑

313

向外分岔，為團隊增加更多產出的做法，多數組織都十分擅長。團隊成員純粹以提出新意見為既有問題貢獻的見解，全都會被接受，甚至可以說被欣然接納。不過當白板上已經出現12個以上的KPC時，通常會有某位團成員注意到KPC應該已經足夠了，團隊現在必須按重要性高低來排序這些KPC。從12個選項當中挑出前三個最重要的指標，就是典型的聚斂性思考作業。以這個部分來講，不少組織會採用兩種不甚理想的做法。

有些組織會直接採用我們先前曾討論過的「河馬文化」（以高薪人士的意見為意見），這種聚斂性思考十秒鐘之內就可以搞定，因為「河馬」負責挑選，其他人附和。當然，這種做法的不利之處就是會錯過其他參與者的意見，且把第一個解答當作最佳的解答。如果是在更現代化的組織，12挑3的活動便會完全以團隊合作的方式來進行，每一個人都能出面表達自己的意見。大體上來說，這種做法很理想，但實際上選出來的往往並非最佳選項。因為只要意見稍有不同就會讓大家花很多時間仔細辯論細節。（我經常碰到五人小組在開會時，因為兩位組員對第二和第三個KPC的順序有意見而停滯幾分鐘的狀況。）

該怎麼做才能將聚斂性思考和團隊合作做適當整合呢？請把以下三個因素列入考量：

› 所辯論的問題重要性有多高？

› 選項的差異所造成的影響有多大？

› 是否有更好的途徑可以在不必辯論太多的情況下進行聚斂性思考？

關於所辯論的問題重要性有多高這一點，務必將「自行車車棚」症候群牢記在心。「自行車車棚」一詞來自一個虛構的例子，講述審查委員會必須批准核能發電廠和自行車車棚的計畫，但因為他們對核能發電廠的專業知識不太瞭解，於是簡短討論過後就直接批准擺在眼前的推薦方案。而自行車車棚是大家都懂的東西，所以審查委員花了數小時討論，爭論工程做法、油漆的挑選等等。「自行車車棚」這個令人印象深刻的說法，就是在提醒一群人他們把重點放在無關緊要的事情上面。

至於選項的差異所造成的影響有多大，這個問題相當簡單。以兩種不一樣的選項來講，只要分析它們產生的結果是否不同。也就是說，假如兩種選項最後產生的結果是一樣的，就不必再爭論，直接挑一個選項即可（有必要的話可以擲硬幣決定）。但如果兩個選項會產生不同的結果，就兩個都選，然後依序做處理。因此，步驟是這樣的，先問自己選項產生的結果有何差異，接著再決定這兩個選項該推進到什麼程度。

最後談到技巧的部分，我在進行訓練課程時會用很多各種顏色的圓點貼紙。只要團隊完成活動的擴散性思考階段之後，我會發給每位參與者這種圓點貼紙，然後大家花10秒鐘時間安靜地將圓點貼在他們喜歡的選項上。做法的細節會隨著使用的技巧而有所不同（譬如快樂線、金字塔原理、突變遊戲等等），但效果始終不變：聚斂的速度更快，過程中也會少很多火藥味。

先票選，再辯論。你會為整個流程做下來如此快速且無痛感到驚喜。圓點貼紙的做法讓每位參與者感受到自己的意見被聆聽且受重視。所有人一起用十秒的時間完成，而不是一個人一分鐘。這樣做也有助於參與者覺察此團隊的主要觀點走向，同時有機會去思考他們是否真正相信自己小小的歧見重要到非為它挺身辯護不可。用圓點投票的做法不會免除辯論，而是排出辯論的「優先順序」。時間別浪費在討論大家大致都同意的事項，應該把用來辯論的時間引導至最重要的問題上以及選項差異十分具體的地方。

結論：進行聚斂性思考活動時，先票選再辯論，而不是倒著做。圓點貼紙真的有效（英國國會議長一定也會這麼說）。

316

訣竅五：別排斥人工智慧

人工智慧（Artificial Intelligence，以下簡稱AI）對解決複雜的商業問題來講，堪稱是最大的革命。數位技術的逐漸普及，已經顛覆了商業界和過去30年來的決策領域。在未來數年AI也會發揮同樣的影響力，只是做法會有顯著不同，畢竟數位世界是真正的科學，AI則是「概率」的世界。

驅動數位科技的演算法將正確數據轉化為另一種正確數據的同時，也取代了人類的工作。舉例來說，我們在線上填報稅單時，稅務機關的演算法就會擷取你輸入的資料，立即算出你的應納稅額，不必再用人工計算。另外像是超市或便利商店的自動掃描收銀機，其運作道理也是一樣的。假如輸入的數據有誤，那麼輸出的數據就會出錯（譬如報稅時若報錯薪資，或偷藏一個罐頭沒讓收銀機掃描等等），否則的話演算法算出的結果就一定是正確的。

相較之下，正確的輸入數據碰上了AI之後，卻有可能產生錯誤的輸出數據，因為AI的輸出是由統計產生，而非透過數學計算。舉例來說，有一種AI系統專門從肺部X光來判別肺癌，只要把數千張先由人工操作員判讀過解答（罹癌或未罹癌）的X光照片提供給這個系統，就可以將該系統「訓練」成可辨識罹癌與否。結果這個AI系統第一次讀取未經人工診斷的影像而辨識正確的機率，其實非常低。數位科技

317

是確定性的世界，AI則是概率的世界。

　　這對戰略思考和解決複雜的商業問題來說會有什麼影響呢？現在下結論還太早了。不過，關於AI的數據、價值和可靠性，仍然有三件事值得深思。

> **AI的運作仰賴過去的數據。** 如上所述，AI系統必須先用本來就存在的數據加以訓練。這些數據通常都是經年累月收集而成，往往帶有那些年代的主流偏見。譬如早期的AI自駕系統難以辨識女性和有色人種就有案可稽，因為AI是透過數百萬張白人男性的照片來訓練如何辨識人類的，未必有刻意的種族歧視行為或厭女情結作祟，純粹只是反映當時可取得的照片內容。同樣地，假如你打算建置AI系統協助預測在某組織工作的前途，那麼該系統可能會指出，中年白人男性是出色的預測因素，因為歷來組織的成功因素就是這種形象。數據本身並沒有找出「少了哪些數據」的能力，這個部分必須由人類來做。

> **過去的價值觀和（或）程式設計師的價值觀造成AI模型高度偏差。** 我們已經知道數據是會扭曲的，有時候甚至連想法也是如此。舉例來說，客服中心的主管希望未來招募的人才必須具備至今績效表現最強勁的團隊成員所具有的特質，而從歷史資料

看起來，這種特質有可能指向有色人種的女性。[就像美國太空總署（NASA）1970年代的「人類電腦」智庫一樣，這個案例可在2016年的電影《關鍵少數》（Hidden Figures）看到。]當今只要是由AI過濾應徵者履歷的系統，在反映過去的價值觀時都會產生偏差的情況。手機上的預測簡訊輸入，也是一種AI系統，而這種系統會反映程式設計師者的價值觀。譬如有人在簡訊方塊中輸入「ducking」，程式設計師會提供什麼自動更正建議呢？是什麼都沒有（從統計數據來看最有可能），還是稀奇古怪的詞條？這種想法上有偏差的無形實例很多，就藏在不少既有的AI系統裡面，而未來的AI系統想必也見得到。

› **AI的權責歸管理者或機器本身尚難釐清。**大部分的銀行很快就採用AI系統來自動核准貸款。這種系統會將各式各樣的個性加以統整分析，以統計概率來判斷信用價值；判定信用的好壞以往都是由銀行主管來負責。假如貸款執行成果不佳，銀行的股東該投訴誰？銀行主管、AI系統的程式設計師，還是AI系統本身？想像一下同樣的問題發生在先前提過的辨識肺癌案例，假如你是病患，AI宣告你沒有罹癌，結果數年後卻發現長滿癌細胞，只剩幾個月可活，這時你要控訴誰——醫生、AI還是AI程式設計師？

319

現在就要定論AI的普及會對整體戰略思考產生何種影響還言之過早。目前，AI系統也應用在「戰略思考的雲霄飛車」的「下降」階段來淘汰選項。以突變遊戲為例，這個技巧可以快速創造數千種可能的句型，而受訓過的AI可幫忙將統計上最有可能證明有用的數百個句型排出先後順序。至於「上升」階段，靠AI系統產生創意選項的目標尚遙不可及，AI在這方面的表現比較像發揮龐大拼字自動校正功能的系統，沒辦法拿出十個達文西的創意。「推進」到「信服」的過程大概是AI對戰略思考最早的影響，這個階段可運用AI系統篩選數百萬則社群媒體貼文，從中分析你最近利用精實策略做測試的新構想有何表現，是否應據此進行大規模推動。

結論：別排斥人工智慧。AI到目前為止對於戰略思考的「下降」和「推進」階段所產生的影響尚不明朗，我們應該一起隨著AI的發展共同來探索。

第 12 章

結　論

戰略有時候很可怕。那些未來，那些未知，那些風險，一切的一切，心裡不免想著「我們目前對 X 有何戰略？」、「我的戰略適合用來做 Y 嗎？」、「我們需要對 Z 用新戰略嗎？」等等的問題。

然而，本書不執迷於戰略，而是想請各位把焦點放在戰略思考上。**把戰略當作產出，將戰略思考作為方法。**假如你用極具戰略的做法來解決某個問題，那麼產生理想戰略的可能性就會比較高。你會知道接下來該怎麼做，展現出清晰、確定和令人信服的態度。

我們已經清楚看到，你和團隊碰到的問題若是具有以下特性，就必須用戰略思考來因應：

> 問題**龐大**

> 出現在**未來**

> **前所未有**

> **資料稀少**的可能性很高

> 最佳的解答**與個人偏好無關**

> **需要證據**說服很多利害關係者

珍貴的回饋

　　過去20年來，我透過現場訓練課程、線上課程、私人教練、全球網路會議等等，協助過1萬多人變得更有戰略性。各位也可以想像得到，關於哪些做法有效、哪些方式無法引起共鳴，我收到非常多的意見回饋。有時候課程才剛結束馬上就有人給我回饋，有些則過了半年，甚至還有某位學員在十年之後變成我的客戶，請我去培訓他們的新團隊。我利用訓練結束後的問卷調查接觸到不少人士，也有一些人主動來找我分享二或三個令人難以忘懷的訓練活動，他們認為這些經驗扭轉了他們的職涯（往往也扭轉了他們的人生）。

　　請容我讓這些過去曾參加過培訓的學員來交代《學會戰略性思考》的結論。他們幫助我寫出了你在本書看到的內容，讓我能夠把故事和個案研究修得更完善，慢慢揭開重要的學習收穫。以下是所有珍貴的

意見回饋當中，學員最常與我分享的八個心得。

1. 「戰略性有利於職涯發展」
2. 「戰略性是一種思維而非工具」
3. 「未來無法分析，只能被創造」
4. 「戰略＝創意＋分析」
5. 「不需要實際數據也能想出真正的構想」
6. 「需要實際數據才能取得真正的解方」
7. 「Ｘ工具改變了我的人生」
8. 「上升—下降—推進的原則真的有效」

接著就來依序探索這些珍貴的心得吧！

1. 戰略性有利於職涯發展

　　我得到很多人的感謝，這些人士經常提到，他們是在參加我的訓練課程時第一次真正領會戰略性思考。我知道——他們也知道——他們應該早就先在別處認識戰略性思考了。也許是從策略方面的書籍讀到的，或念MBA時，又或者是推動新創公司或在某位極具戰略眼光的老闆手下見習的時候等等。我們並不是要在這裡辯論我傳授的內容

是不是比他們接觸過的課程更好──或他們可能會接觸到的課程。只是想表達在多年之後，他們從旁觀察同儕時發現，表現愈來愈好的人和其他人之間有一個共同的基調。職場上能否平步青雲和戰略思考技巧有明顯關連。

　　原因或許是，更加成功的人會變得更有戰略性（在新責任的壓力之下必須如此）。另一個更有可能的原因也有異曲同工之妙：善於處理戰略性問題的人會因此得到利害關係者（老闆、客戶等等）的賞識，而被賦予更多責任，最後變得更成功，也更快成功。能有戰略地管理好有限資金的新創公司創辦人，往往也能走得更遠，同樣的道理亦適用於自由工作者和自僱專業人員。戰略性有利於職涯發展，無論你從事何種行業。

2. 戰略性是一種思維而非工具

　　請我去訓練團隊或公司的客戶，多半都希望我能把上課時要和員工分享的工具和技巧清單提供給他們，而且最好在第一場訓練課程開始前就先提供。不過上完第一堂課之後的短短數天內，所有參與者都紛紛表示他們從課程獲得煥然一新的思維，可以用更快的速度、更清晰的眼光找到解決方案。他們領悟到工具只是輔助，思維才是關鍵。

　　當然，你擁有的工具愈多，就可以解決更複雜的戰略性問題。另

外就像瑜伽、鋼琴、下棋等等各式各樣的人類活動一樣，只要多加練習，你對這些工具就能熟能生巧。然而，有一件事比你擁有多少工具還來得重要，那就是練習的時間有多長。以戰略性思考來說，當你心領神會的那一刻就表示頓悟了，這時才算真正「擁有」這種思維。

特別就戰略性思考而言，所謂的「頓悟」，往往發生在你體認到自己需要採取其他的問題解決路徑，才能針對複雜的問題取得令人信服的結論的時候。也就是在這一刻，你全心全意接受了自己平日用來解決普通問題的方法，沒辦法對大問題發揮作用，因為複雜的問題——即戰略性問題——大多存在於未來，而未來又是截然不同的領域。

3. 未來無法分析，只能被創造

大部分的人在多數情況下都是以「專家」模式來工作，他們對手上業務瞭如指掌，能協助他人，並且被視為有能力對自己專業領域的一切提供解答的人。這是因為他們的職場生活有很大一部分都在處理「當下」的專業待辦事項，以及「最近」一次發生的危機所產生的影響。

過去20年來，我培訓過各種職務的企業人才，包括策略、行銷、財務、產品管理、IT、人資、銷售等等。這些來參加培訓的人員基本上都十分擅長自己的工作，他們充滿熱忱又有強大的分析能力。他們面對問題時最喜歡用的解決途徑就是動員聰明至極的員工投入大量心

力來分析大量數據，但經常令他們感到困惑的是，這種方法對某些種類的問題並不管用。想必各位現在已經知道原因很簡單：未來無法分析，只能被創造。

未來的數據混沌雜亂又不可靠，單純靠蠻勁去分析那座事實模糊的山，其實難以破解目前碰到的戰略難題。不遠的未來充滿變化，包括人口分析的演進、社會變遷、AI、機器人、專業新法規等等各種因素都在發揮作用。總是會有你尚未想到的新趨勢步步逼近，假如你試圖對這些未來的趨勢有更深的理解，想以此來解決問題，那麼你勢必會覺得自己總是差那麼一點就能把那難以捉摸的完美方案分析個透澈。再多給我一天就好了！再多給我一點數據吧！像上癮般嗜「數據」如命，沒完沒了。

不管你現在從事哪一行、做什麼樣的職務，兩年後你所做的工作一定和現在不同，因為周遭的一切事物都在改變，這實在令人心慌，也使人疲於奔命。未知如此之多，時間卻少之又少。未來蘊藏著各式各樣的新變化，一旦你有能力為自己、團隊、企業或產業把這些變化所含的深意做周全的思考，就能以不變應萬變。換言之，你無法確知未來，但你可以先設想若干潛在的未來，把你對未來的回應變得更有組織條理。那麼，該如何創造潛在的未來呢？

326

4. 戰略＝創意＋分析

此洞見可從兩方面解讀。有強大分析技巧的人需要多一點創意，才能變成真正有戰略思維的人。反過來說，創意類型的人則需要為他們狂放不羈的創意接上分析引擎，才能變得更有戰略性。

這個洞見的解讀也有一定的順序：若想變得更有戰略性，首先必須發揮創意，然後再施展分析能力。換句話說，先創造大量的潛在未來，再針對各種可能的未來進行分析，從中找出最理想的方案。

講到提升組織的戰略性，一般是指設法讓「創意」和「分析」類型的人通力合作，賦予他們共通的語彙，讓彼此能欣賞對方的關鍵角色，接納攜手合作所產生的優質成果，同時也著重不同階段應由不一樣的人來掌舵。創意先請，分析隨後；先創造未來，再加以分析。

至於提升個人的戰略性相對來講就比較困難一點，因為這主要牽涉到一個人對於自己可能缺乏某個技巧的認知，而不是設法讓兩個既有族群產生良好互動。面對高度「創意」型的人，由於這種類型的人可能過去20年來都害怕與數字為伍，求學期間一碰到數學便覺得自己很渺小，因此所謂的幫助這些人提升戰略性，其實是指協助他們打造自己的分析能力。同樣地，幫助高度「分析」型的人提升戰略性的意思，是指協助他們訓練自己的「直覺肌肉」，因為這種類型的人或許特別不能忍受不確定性和情緒強烈的主觀世界。

一個人要變得更有戰略性，意味的是變成一個更圓滑的人。至少這可以說是一種個人自我成長工作（從內在著手），就和職場發展是一樣的事情（透過教練或訓練人員的外在協助）。幸運的是，每一個人無論其背景為何，都能駕馭從「上升」到「清晰」階段所使用的各種技巧。

5. 不需要實際數據也能想出真正的構想

一個好構想未必合乎邏輯，一個好構想甚至有可能出自於最令人意想不到的地方。普遍認為兒童的創意無限，但小朋友基本上沒有任何數據可言。由此可見，你不需要實際數據也能想出真正的構想。

分析數據十分有利於瞭解過去，對瞭解未來的幫助則不大，因為多數的預測證明都是錯誤的。絕大多數的未來數據就和長期天氣預報一樣不準確。

面對問題時，專業知識是設想解決方案的絕佳做法，但是碰到前所未見的問題時，「專家」做法則有好有壞。專家之所以能成為專家，是因為他們學習和儲備了大量的專業領域數據。好處是，他們知道該走哪條別人會錯過的捷徑去尋找絕佳構想。不利之處則在於，專家會排除或低估他人的意見，不管這些想法有多麼出色。歷史上總不乏一些看不見風雲變幻的專家所留下的痕跡。

天才等級的創意，是令很多人崇拜的第三種構想來源，這也是理所當然。我一直以來都很幸運，能在職場上見證一些天才在數據稀少又沒有專業知識的情況下，憑直覺找出選項，實在令人欽佩。不過這很少見，最好別指望這種事會在你最需要的時候出現。

有一個祕密武器，這個時候可以派得上用場。這種可靠的祕密武器就是「結構」。在它的加持之下，你能夠在專案一開始就想出令人驚喜的構想，無需很多數據、專業或天才。

「金字塔原理」、「快樂線」和「突變遊戲」就是結構分明的思考技巧，有利於一群能力相異的同事盡快找出許多構想，無需動用很多數據或專業知識。只要有了結構，不需要實際數據也能想出真正的構想。

6. 需要實際數據才能取得真正的解方

企業的天職就是做好事情，達到滿意的結果。愛迪生就曾說過一句名言：「沒有付諸實行的願景，只是幻想而已」。拳王泰森（Mike Tyson）也曾說過「每個人都有一套計畫，直到被揍了第一拳」，他要表達的也是同樣的意思。

很多人非常愛自己的構想、願景、計畫，愛到寧可讓這個夢永遠存在，也不願意用現實去戳破它。這些人想以遊說或自身個性的魄力，說服別人相信自己的願景。新創公司的創辦人尤其如此，他們會

強烈展現出願景感，在自己周邊製造出「現實扭曲力場」。這種力場的效果也就那麼短暫，又或者只能在主觀當道的場域（大多是藝術或以追求純創意為主的領域）發揮效果。人可以拒絕承認現實很久，就像重力長期被否認一樣。這種習性往往會破壞人對「計畫趕不上變化」應有的認知。

上述兩段篇幅引用了三句名言，全都是為了強調我們現在探討的這個普遍事實所要傳達的訊息：你不需要實際數據也能想出真正的構想，但是一定需要實際數據才能取得真正的解方。因為你的構想若未經過現實的強光照射，就不能成為真正的解決方案。

很多參加訓練的學員都曾提到，接受和承認這個特殊事實花掉他們最多時間。上訓練課的時候，他們都明白這個理論，就像各位在讀這本書時希望也能有此領會一樣。然而，唯有經歷過失敗，才能真正悟出這裡所探討的事實。難堪的失敗、昂貴的失敗、完全料想不到的失敗，我自己就曾經歷過幾次。只有當鍾愛的大計畫一敗塗地，你的腦海裡又清楚浮現自己當初堅信這個構想一定會成功的模樣時，你才會真正體會什麼叫做有實際的數據才有真正的解方。所以各位，盡快且頻繁地用便宜的方法去取得數據吧！

「報償分析矩陣」、「環境分析」和「精實創業」這三大優質技巧，可以幫助你從現有構想當中找出真正的珍寶。萬中選一的構想可以挺

過現實的淬鍊，這樣的構想也可以在未來數天、數月或數年成為出色的方案，解決你公司、職責、團隊或自己所碰到的戰略性問題。

7. X工具改變了我的人生

我們在《學會戰略性思考》裡認識的每一項工具或技巧都有特定功能。「金字塔原理」非常適合用來建構最想達到的終點（當你知道自己想要的成功是何模樣時最能發揮效果）。從另一方面來看，如果你已經知道起點有何問題，但對終點毫無頭緒，這種情況下「突變遊戲」最有效。人對於在自己最需要的時候能幫上大忙的工具往往特別有感。打個比方來講，你的眼前擺著一碗湯，但你兩手空空沒有任何餐具，只有桌上的一把刀子讓你看了心都涼了一大半，這時若有人遞給你一根湯匙，你一定會感激不盡。你的熱忱衝勁往往取決於當下的需求，而不是某種特別好用的工具。

每一樣工具我都同樣喜歡，因為我知道每種工具都曾讓某個人的人生改頭換面。這本書介紹了12種工具（除了「雲霄飛車」本身之外），想必現在各位心裡已經對其中二或三種工具有了特別高的評價。我可以向各位保證，我收到很多人的回饋表示，這些你特別偏愛的工具，也是他們心目中的最愛。

反觀那些你最不喜歡的章節，若是過了幾個月之後你再重讀一

次，就會發現這些章節一直以來所蘊藏的珍寶，因為到了那時你的需求就改變了，欣賞的角度也會不一樣。在這種情況下，你說不定會覺得六個有利於令他人信服的技巧當中——即「NLP語言」、「十大說服法」、「顯著指標」、「口袋版NPV」、「金字塔原理」和「廣告效果」——會有一個比你最初想的要順眼許多。

8.「上升—下降—推進」的原則真的有效

　　此心得也是這本書會誕生的原因。有太多參加過訓練的學員告訴我，他們結束訓練課程之後，馬上就為團隊畫出「戰略思考的雲霄飛車」圖形，這是他們第一個想和同事、老闆及上司分享的事情。

　　戰略路線與另外三種完成問題解決的路線（即專家型、分析型、創意型）最大的不同在於一目瞭然，馬上就能憑直覺領會。這種路線合情合理，感覺很順暢。更重要的是，戰略路線真的有效。總是一再有學員和我分享，他們碰到棘手的戰略性問題時，只要回過頭去操作「上升—下降—推進」的流程，搭配其中一、兩樣工具，往往就能找到出路。

　　衷心盼望各位會喜歡《學會戰略性思考》這本書，希望這本書對你的職場和個人發展有很大的助益。各位若是得空，請到以下網址與我分享你對這本書的感想（www.strategic.how）。想必你現在也知道，

我非常喜歡收到回饋，也期待能與各位讀者保持聯繫。

別擔心，來點戰略思考吧！

謝　誌

　　我要向許多協助我寫出《學會戰略性思考》的人士致上十二萬分的謝意。

　　首先我要感謝數千位商業顧問、企業顧問、公司主管與科技新創者接受我的訓練。多虧了他們，我得以挖掘新的戰略概念，並從中挑出最佳概念，完善我的簡報技巧，同時讓我能夠在現實世界裡驗證這些概念的可行性。若是沒有他們驚人的耐性和熱忱支持，以及有時直言不諱的意見回饋，就不可能有這本書的誕生。

　　對於職業生涯中我所擁有的每一位心靈導師，在此獻上我的感謝，他們鞭策我超越自己，成就更多的成就。傑瑞米‧貝地爾（Jérôme Bédier）、法蘭克‧比安凱里（Franck Biancheri）、弗德利克‧法倫斯（Frédéric Faurennes）和理查‧杜哈帝（Richard Doherty），這些人願意

學會戰略性思考

在一個剛從火箭科學學院畢業的初生之犢身上冒險，讓我領略到擔任顧問、進行遊說以及在大型場合對數百人公開演講的樂趣。謝謝你們讓我的職業生涯有了美好的開端。

在我結束歐洲工商管理學院的進修課程之後，朱利安·維納（Julian Vyner）不但負責招募我進入需要高IQ的顧問界，又在很久之後開啟我的心智與心靈，讓我人生的EQ面發展成長。克萊兒·希勒利（Clare Sillery）和裘迪·戴伊（Jody Day）兩位也對於我成長為一個男人有同樣的貢獻。過去十年來，多明尼克·特克（Dominique Turcq）不但是我的楷模，也是一直在遠方砥礪我的人。謝謝你們給我這麼多成長的機會。

我過去20年所合作過的客戶都非常重要，其中有一些更是別具意義。他們接納嶄新的構想，適時打開正確的門，給予支援，也教導我很多事情。其中我想要特別感謝托比·羅賓森（Toby Robinson）、約翰·彼特維諾（John Petevinos）、克里斯·奧特蘭（Chris Outram）、吉兒·懷特黑德（Gill Whitehead）、路克·傑森（Luke Jensen）、尚米歇爾·莫羅（Jean-Michel Mollo）和約翰·史密斯（John Smith）。非常謝謝你們，還有其他未在此提及的客戶。

就本質上來說，我現在有如「概念零售商」，目光集中在地平線上，尋覓出色的新戰略概念，測試這些概念的可行性，最後去蕪存

菁，只將適當努力就能得到高報償的概念收進口袋。我運用的概念十分有效，在此也要向這些概念的創造者致上謝意：芭芭拉‧明托、金偉燦、朱利安‧維納、艾德‧麥克林（Edd McLean）和艾瑞克‧萊斯。謝謝你們。

各位一定可以想像得到，我寫這本書得到大量的意見回饋，同時也必須不斷地來回重寫。賈克‧穆伯特（Jacques Mulbert）、盧塞爾‧大衛斯（Russell Davies）、馬克‧迪‧史伯維（Marc de Speville）、伯吉爾‧史汀（Birger Steen）、約翰‧史密斯、多明尼克‧特克、艾德‧麥克林和艾文‧慕卡西（Ivan Mulcahy）給了我許多無價的意見回饋。謝謝你們的建言、回饋和支持。

企鵝出版社的傑出編輯瑪蒂納‧歐蘇利文（Martina O'Sullivan）一眼就看見了這本書的願景，她用滿腔熱血引導這本書走完整個出版流程。另外我也想感謝尚恩‧莫利‧瓊斯（Shân Morley Jones）、艾瑪‧布朗（Emma Brown）、法蘭西斯卡‧蒙提羅（Francisca Monteiro）以及每一位努力讓這本書成真的人。

艾文‧慕卡西是我非凡的經紀人，在整個出版過程中一直是我的指導顧問、合作夥伴和頭號粉絲。他有奇妙的本領，總是能找到恰當的措辭為這裡的開場增添魅力，或者將那裡的焦慮撫平，不但「讓事情發生」，也讓每個人開開心心——一次搞定一切。謝謝你，

學會戰略性思考

我的朋友。

　　最後，我要轉而向未來的各位讀者致謝，謝謝你們挑了這本書。我非常期待各位讀過這本書之後，或更重要的是等你實際將書中技巧應用於職場上之後，能給予我回饋意見。屆時的各位，我也謝謝你們！

作者簡介

　　弗瑞德‧佩拉德是一位**策略培訓師**，也是**顧問、引導者和教練**，目前以倫敦為據點，工作範圍遍及全球，其專長為協助大大小小的團隊與組織解決戰略性問題。這位受過培訓的法國火箭科學家，過去20年來向全世界各大型企業和顧問公司的執行長與管理團隊，發表過許多以戰略思維和解決複雜問題為主題的演說。**他讓聰明人更聰明。**

　　弗瑞德的職涯開端是擔任德勤管理階層的顧問，後來在歐洲工商管理學院完成MBA學位，自此便以策略師為業。他首先加入Kalchas〔這是一家從班恩（Bain）和麥肯錫（McKinsey）衍生出來的中型獨立公司，最後賣給CSC Index〕，後來加入Instigate Group，而有機會與媒體、零售、民生消費品、財務服務、產業和顧問界的主要機構組織合作。目前他的興趣與熱情平均用於耕耘以下三個方向：

學會戰略性思考

- 設計與傳授**戰略思考課程**（訓練、演說等等）
- 為董事會和管理團隊的**戰略課程活動**擔任引導者
- 主持**高影響力的戰略專案**以及處理創意生成的各種挑戰

　　弗瑞德主導的一般介入措施包括了向多達500位觀眾進行90分鐘的演講、為期兩天約50位主管參加的進階工作坊，以及為期五天、參與者來自全公司的密集衝刺創新課程。他的足跡遍及全球，從舊金山到上海、從斯德哥爾摩到南非，以及羅盤上所指的每一個方向，和中間每一個空檔（除了現場活動之外，也有Zoom、Webex等等的網路會議課程）。

　　合作過的老客戶包括安聯人壽（Allianz）、巴克萊銀行（Barclays）、英國廣播公司（BBC）、線上博彩公司Betfair、控股公司Booz Allen、英國公共服務電視網Channel 4、德勤、線上旅遊公司Expedia、匯豐（HSBC）、宜家家居（IKEA）、約翰路易斯（John Lewis）、嬌生公司（Johnson & Johnson）、倫敦商學院（London Business School）、諮詢公司OC&C Strategy、連鎖超市Sainsbury's、湯森路透（Thomson Reuters）。

　　如需瞭解弗瑞德所傳授的內容，請參閱他的網站和YouTube頻道，網址分別是：www.fredpelard.com及www.youtube.com/fredpelard。

好想法 38

學會戰略性思考
快速發想、迅速淘汰、有效說服,讓聰明人更聰明工作的思考法
How to be Strategic

作　　者:弗瑞德‧佩拉德 (Fred Pelard)
譯　　者:溫力秦
責任編輯:簡又婷
校　　對:簡又婷、林佳慧
封面設計:萬勝安
版型設計:Yuju
內頁排版:洪偉傑
寶鼎行銷顧問:劉邦寧

發 行 人:洪祺祥
副總經理:洪偉傑
副總編輯:林佳慧
法律顧問:建大法律事務所
財務顧問:高威會計師事務所
出　　版:日月文化出版股份有限公司
製　　作:寶鼎出版
地　　址:台北市信義路三段 151 號 8 樓
電　　話:(02) 2708-5509　傳真:(02) 2708-6157
客服信箱:service@heliopolis.com.tw
網　　址:www. heliopolis.com.tw
郵撥帳號:19716071 日月文化出版股份有限公司

總 經 銷:聯合發行股份有限公司
電　　話:(02) 2917-8022　傳真:(02) 2915-7212
印　　刷:禾耕彩色印刷有限公司
初　　版:2021 年 12 月
定　　價:380 元
I S B N:978-986-0795-81-3

國家圖書館出版品預行編目資料

學會戰略性思考:快速發想、迅速淘汰、有效說服,讓聰明
人更聰明工作的思考法 / 弗瑞德‧佩拉德 (Fred Pelard) 著;
溫力秦譯. -- 初版. -- 臺北市:日月文化出版股份有限公司,
2021.12
352 面;16.7×23 公分. --(好想法;38)

ISBN 978-986-0795-81-3(平裝)

1. 策略規劃

494.1　　　　　　　　　　　　　　　　110017465

日月文化集團
HELIOPOLIS
CULTURE GROUP

學會戰略性思考

感謝您購買 _____ 快速發想、迅速淘汰、有效說服，讓聰明人更聰明工作的思考法

為提供完整服務與快速資訊，請詳細填寫以下資料，傳真至02-2708-6157或免貼郵票寄回，我們將不定期提供您最新資訊及最新優惠。

1. 姓名：_____ 性別：□男 □女

2. 生日：_____年_____月_____日 職業：_____

3. 電話：（請務必填寫一種聯絡方式）

　（日）_____（夜）_____（手機）_____

4. 地址：□□□_____

5. 電子信箱：_____

6. 您從何處購買此書？□_____縣/市_____書店/量販超商

　□_____網路書店　□書展　□郵購　□其他

7. 您何時購買此書？　　年　　月　　日

8. 您購買此書的原因：（可複選）

　□對書的主題有興趣　□作者　□出版社　□工作所需　□生活所需

　□資訊豐富　　□價格合理（若不合理，您覺得合理價格應為 _____）

　□封面/版面編排　□其他_____

9. 您從何處得知這本書的消息：　□書店　□網路／電子報　□量販超商　□報紙

　□雜誌　□廣播　□電視　□他人推薦　□其他

10. 您對本書的評價：（1.非常滿意 2.滿意 3.普通 4.不滿意 5.非常不滿意）

　書名_____　內容_____　封面設計_____　版面編排_____　文/譯筆_____

11. 您通常以何種方式購書？□書店　□網路　□傳真訂購　□郵政劃撥　□其他

12. 您最喜歡在何處買書？

　□_____縣/市_____書店/量販超商　　□網路書店

13. 您希望我們未來出版何種主題的書？_____

14. 您認為本書還須改進的地方？提供我們的建議？

_____

_____

_____

_____

好想法 相信知識的力量
the power of knowledge

寶鼎出版

好想法 相信知識的力量

the power of knowledge

寶鼎出版